Яков Исидорович Перельман

ВЕСЕЛЫЕ ЗАДАЧИ

СЗКЭО
Санкт-Петербург

УДК 51
ББК 22.1
П27

В оформлении обложки и титула использована работа М. Эшера «Звезды»
Комментарии 2016 г.
Текст печатается по изданиям
«Для юных математиков. Первая сотня головоломок (веселые задачи)», 3-е издание, 1925 г., «Для юных математиков. Вторая сотня головоломок», 1924 г.
Художник Ю. Д. Скалдин

Отпечатано в типографии издательства «Наука»

П27 **Перельман Я. И.** Веселые задачи / Яков Перельман; — СПб.: СЗКЭО, 2016. — 176 с. ил.

В сборник вошли две книги знаменитого популяризатора науки Якова Исидоровича Перельмана (1882–1942) — «Для юных математиков. Первая сотня головоломок (Веселые задачи)» и «Для юных математиков. Вторая сотня головоломок». Тексты даны в авторской редакции 1924–25 гг., мы лишь привели их к нормам современной орфографии и прокомментировали моменты, утратившие в наши дни актуальность. Сохранены и оригинальные рисунки, выполненные штатным художником ленинградского издательства «Время» Юрием (Георгием) Дмитриевичем Скалдиным (1891–1951).

Книга тренирует сообразительность, наблюдательность, геометрическое воображение, развивает умение логически мыслить.

Для школьников средних классов, студентов и учащихся техникумов, для всех желающих восполнить пробелы в своем образовании.

ISBN 978-5-9603-0393-4

Я. И. ПЕРЕЛЬМАН

ДЛЯ ЮНЫХ МАТЕМАТИКОВ

ПЕРВАЯ СОТНЯ ГОЛОВОЛОМОК

ПРЕДИСЛОВИЕ

Цель этой книжечки — дать материал для приятной умственной гимнастики, для изощрения сообразительности и находчивости. Предназначенная наполнить досуг юных математиков, книжка содержит, однако, не исключительно математические головоломки: наряду с задачами арифметическими и геометрическими в сборнике рассеяны также головоломки из области физики, мироведения, логики. Есть и задачи, не примыкающие к какому-либо учебному предмету, но все же полезные как упражнения, подготовляющие ум к более серьезной работе. Так, задачи на перестановки и размещения приучают к систематическим поискам решения; зрительные обманы изощряют наблюдательность; развлечения с разрезыванием фигур и составлением силуэтов развивают геометрическое воображение.

На русском языке имеются уже сборники сходного типа. Появление еще одного было бы излишне, если бы составитель не стремился освежить традиционный материал несколькими десятками частью новых, частью мало известных задач, придуманных им самим или почерпнутых из иностранных источников. Задачи предполагают у читателя лишь весьма элементарные познания и имеют в виду преимущественно тех, кому еще предстоит изучение математики*.

Второе издание этой книги, вышедшее в 1919—1920 гг. в весьма большом числе экземпляров**, было перепечатано с первого без существенных изменений.

Для третьего издания текст заново проредактирован и некоторые задачи, по различным соображениям, заменены другими.

Я. П.

Октябрь, 1924 г.

* Для знакомых со школьной арифметикой предназначается другая книга того же автора: «Загадки и диковинки в мире чисел». Петроград, 1923 г.

** Тиражи: 1-го издания 1916 г. — 4000 экз., 2-го — 40 000 экз. В этих изданиях книжечка была выпущена под заглавием «Веселые задачи».

ГЛАВА ПЕРВАЯ

ГОЛОВОЛОМНЫЕ РАЗМЕЩЕНИЯ И ЗАНИМАТЕЛЬНЫЕ ПЕРЕСТАНОВКИ

Задача № 1

Белки и кролики

Перед вами восемь пней, перенумерованные на нашем рисунке. На пнях № 1 и № 3 сидят кролики, на № 6 и № 8 — белки. Но и белки и кролики почему-то недовольны своими местами и хотят обменяться пнями: белки желают сидеть на местах кроликов, а кролики — на местах белок. Они могут сделать это, перепрыгивая с пня на пень — однако только по линиям, обозначенным на рисунке.

Рис. 1.

Как они могли бы это сделать? Помните следующие правила:

1) прыгать с пня на пень можно только по тем линиям, которые обозначены на рисунке; каждый зверек может делать и несколько прыжков кряду;

2) два зверька на одном пне поместиться не могут, — поэтому прыгать можно только на свободный пень.

Имейте также в виду, что зверьки желают обменяться местами наименьшим числом прыжков. Впрочем, меньше чем 16-ю прыжками они сделать этого не могут.

Задача № 2

Чайный сервиз

Мне пришлось как-то целый вечер ожидать поезда на маленькой станции. Не было ни книг, ни газет, ни собеседников, и я не знал, чем наполнить часы ожидания. К счастью, я вспомнил об одной занимательной задаче, которая незадолго до того попалась мне в иностранном журнале. Задача состояла в следующем.

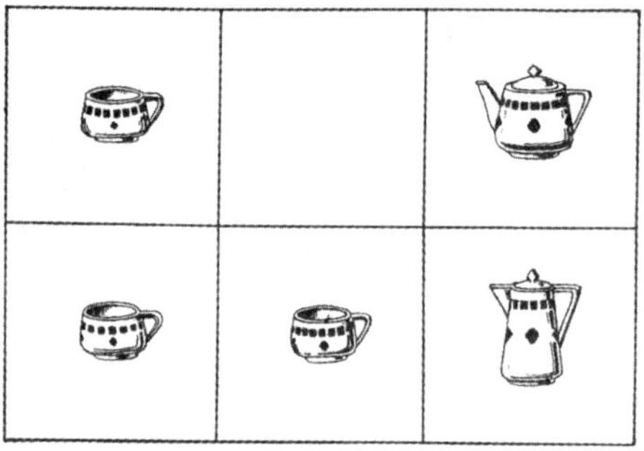

Рис. 2.

Стол разграфлен на 6 квадратов, в каждом из которых, кроме одного, помещается какой-нибудь предмет. Я воспользовался чайной посудой и разместил по квадратам 3 чашки, чайник и молочник, как показано на рисунке.

Сущность задачи в том, чтобы взаимно переменить места чайника и молочника, передвигая предметы из одного квадрата в другой по определенным правилам, — а именно:

1) перемещать предмет только в тот квадрат, который окажется свободным;

2) не передвигать предметов по диагонали квадрата;

3) не переносить один предмет поверх другого;

4) не помещать в квадрат более одного предмета, даже временно.

Задача эта имеет много решений, но интересно найти самое короткое, — т. е. обменять местами чайник и молочник в наименьшее число ходов.

В поисках этого кратчайшего решения я не заметил, как прошел вечер; пришлось покинуть станцию, не найдя в тот вечер кратчайшего решения.

Может быть, читатели найдут его? На всякий случай предупреждаю, что искомое «наименьшее» число ходов все же больше дюжины, хотя и меньше полутора дюжин.

Задача № 3

Автомобильный гараж

На нашем чертеже изображен план автомобильного гаража с помещениями для двенадцати автомобилей. Но помещение так неудобно, так мало, что заведующий гаражей постоянно наталкивается на затруднения. Вот одно из них. Предположите, что восемь автомобилей стоят в указанных здесь положениях. Как могут автомобили 1, 2, 3 и 4 перемениться местами с автомобилями 5, 6, 7 и 8? И при каком способе обмена они сделают наименьшее число переездов?

Надо заметить, что два автомобиля одновременно двигаться не могут и что в квадрате не могут одновременно находиться два автомобиля.

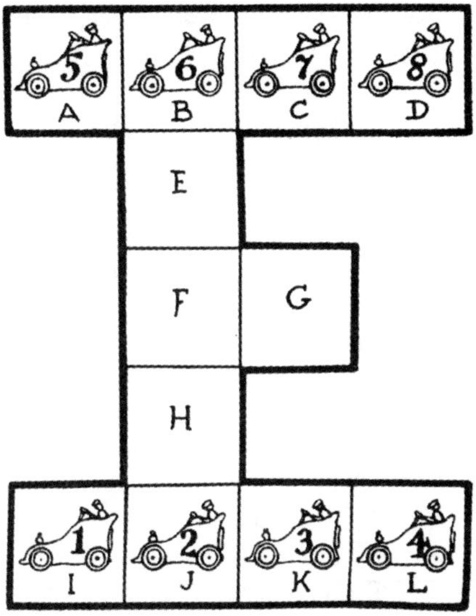

Рис. 3.

Задача № 4

Три дороги

Три брата — Петр, Павел и Яков — получили для обработки три участка земли, расположенные рядом, невдалеке от их домов. На чертеже вы видите расположение домов Петра, Павла и Якова и соответствующих им земельных участков. Вы замечаете, что участки расположены не совсем удобно для работающих на них, — но братья не могли сговориться об обмене.

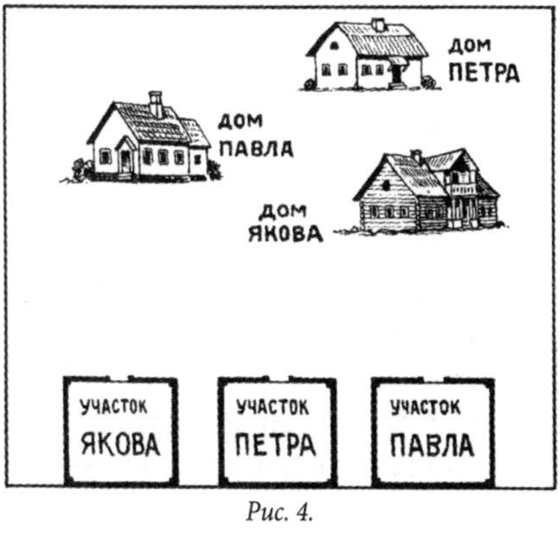

Рис. 4.

Каждый устроил огород на своем участке, и так как кратчайшие пути к огородам пересекались, то между братьями вскоре начались пререкания, перешедшие в ссоры. Желая избегать всяких столкновений, братья решили отыскать такой путь к своим участкам, чтобы не пересекать друг другу дороги. После долгих поисков они нашли такие три пути и теперь ежедневно ходят на свои огороды, не встречаясь друг с другом.

Можете ли вы указать эти пути?

Задача № 5

Мухи на занавеске

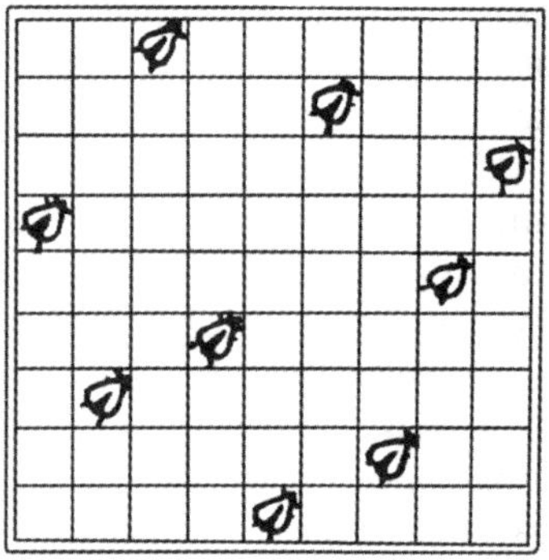

Рис. 5.

На оконной занавеске, разрисованной квадратиками, уселось 9 мух. Случайно они расположились так, что никакие две мухи не оказывались в одном и том же прямом или косом ряду (см. рис. 5).

Спустя несколько минут три мухи переменили свое место и переползли в соседние, незанятые клетки; остальные 6 остались на местах. И курьезно: хотя три мухи перешли на другие места, все 9 снова оказались размещенными так, что никакая пара не находилась в одном прямом или косом ряду.

Можете ли вы сказать, какие три мухи пересели и какие квадратики они избрали?

Задача № 6

Дачники и коровы

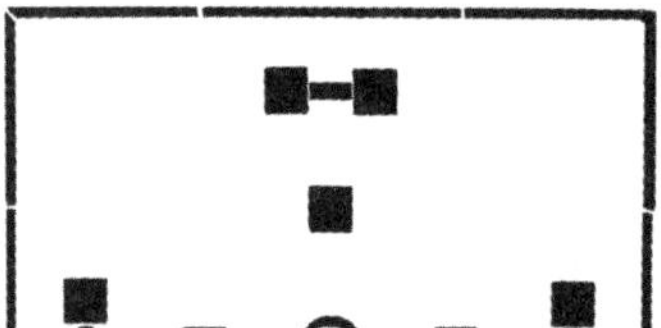

Рис. 6.

Вокруг озера выстроены четыре дачи, а поближе к берегу — четыре коровника. Владельцы дач желают соорудить сплошной забор так, чтобы озеро было закрыто от коров, но чтобы в то же время оно было доступно для дачников, желающих купаться.

Исполнимо ли это желание? Если исполнимо, то как надо построить забор, чтобы он имел наименьшую длину и, следовательно, обошелся возможно дешевле?

Задача № 7

Десять домов

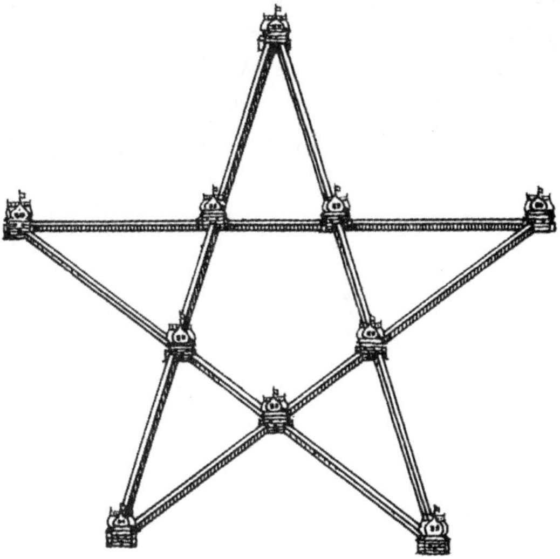

Рис. 7.

Некто желал построить 10 домов, соединенных между собою крепкими стенами; стены должны тянуться пятью прямыми линиями, с 4-мя домами на каждой линии.

Приглашенный зодчий представил план, который вы видите здесь на рисунке 7-м.

Но заказчик остался недоволен этим планом: ведь при таком расположении можно подойти извне к любому дому, а ему хотелось, чтобы если не все, то хоть один или два дома были защищены стенами от нападения извне. Зодчий возразил, что нельзя удовлетворить этому условию, раз 10 домов должны быть расположены по 4 на каждом из 5-ти заборов. Но заказчик настаивал на своем.

Долго ломал зодчий голову над этой задачей и наконец разрешил ее.

Может быть, и вам посчастливится найти такое расположение 10 домов и 5 соединяющих их прямых заборов, чтобы требуемое условие было удовлетворено.

Задача № 8

Деревья в саду

Рис. 8.

В саду росло 49 деревьев, и вы можете видеть на чертеже 8-м, как они были расположены. Садовник нашел, что деревьев слишком много; он желал расчистить сад от лишних деревьев, чтобы удобнее разбить цветники. Позвав работника, он дал ему такое распоряжение:

— Оставь только 5 рядов деревьев, по 4 дерева в каждом ряду. Остальные сруби и возьми их себе на дрова за работу.

Когда рубка кончилась, садовник вышел посмотреть работу.

К огорчению, сад был почти опустошен: вместо 20 деревьев работник оставил только 10, срубив 39 деревьев!

— Почему же ты вырубил так много? Ведь тебе сказано было оставить 20 деревьев, — упрекал его садовник.

— Нет, не 20, а сказано было оставить 5 рядов по 4 дерева в каждом. Я так и сделал: посмотрите.

И в самом деле: садовник с изумлением убедился, что оставшиеся на корню 10 деревьев образуют 5 рядов по 4 дерева в каждом. Приказание его было исполнено буквально, — и все-таки вместо 29 деревьев работник вырубил 39.

Как же ухитрился он это сделать?

Рис. 9.

Задача № 9

Белая мышь

Все 13 мышей, окружающие эту кошку, обречены попасть ей на обед. Но кошка желает съесть их в определенном порядке, — а именно, каждый раз она отсчитывает 13-ю мышь по кругу в том направлении, в каком эти мыши глядят, — и съедает ее. С какой мыши она должна начать, чтобы белая оказалась съеденной последнею?

Задача № 10

Из 18 спичек

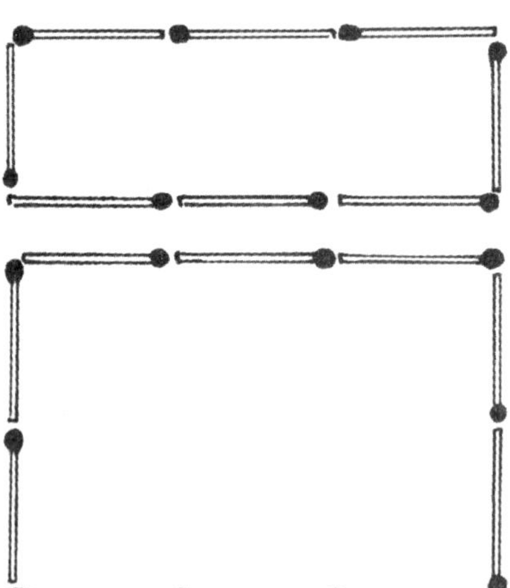

Рис. 10.

Из 18 спичек нетрудно сложить два четырехугольника так, чтобы один был вдвое больше другого по площади (рис. 10).

Но сложите из тех же спичек два таких четырехугольника, чтобы один был в *три* раза больше другого по площади!

РЕШЕНИЯ ЗАДАЧ №№ 1—10

Решение задачи № 1

Ниже указан самый короткий способ обмена. Цифры показывают, с какого пня на какой надо прыгать (напр., «1—5» значит: белка прыгает с пня 1-го на 5-й). Всех прыжков понадобится 16, а именно:
1—5; 3—7, 7—1; 8—4, 4—3, 3—7; 6—2, 2—8, 8—4, 4—3; 5—6, 6—2, 2—8; 1—5, 5—6; 7—1.

Решение задачи № 2

Для удобства мы заменим чайную посуду цифрами. Тогда задача представится в таком виде:

1		2
3	4	5

Надо обменять места 2 и 5. Вот порядок, в каком следует двигать предметы на свободный квадрат:

2, 5, 4, 2, 1, 3, 2, 4, 5, 1, 4, 2, 3, 4, 1, 5, 2.

Задача решается в 17 ходов — более короткого решения нет.

Решение задачи № 3

В этой таблице показаны в последовательном порядке все переезды, необходимые для того, чтобы вывести заведующего гаражей из затруднения. Цифры обозначают номера автомобилей, а буквы — соответствующие помещения. Всех переездов понадобится 43. Вот они:

6—G	4—A	1—G	3—G
2—B	7—F	2—J	6—I
1—E	8—E	7—H	2—J
3—H	4—D	1—A	5—H
4—I	8—C	7—G	3—C
3—L	7—A	2—B	5—G
6—K	8—G	6—E	3—B
4—G	5—C	3—H	6—E
1—I	2—B	8—L	5—I
2—J	1—E	3—I	6—J
5—H	8—I	7—K	

«6—G» означает: автомобиль № 6 становится в отделение G, и т. п.

Решение задачи № 4

Три непересекающиеся пути показаны на этом чертеже:

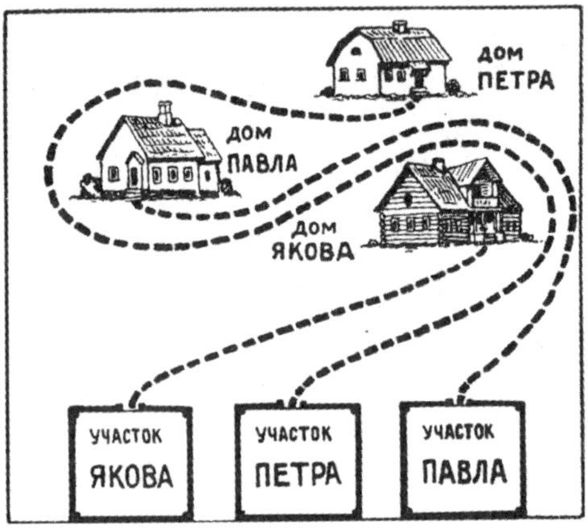

Рис. 11.

Петру и Павлу приходится идти довольно извилистыми путями, — но зато братья избегают нежелательных встреч между собой.

Решение задачи № 5

Стрелки на рисунке показывают, какие мухи переменили место и с каких клеток они пересели.

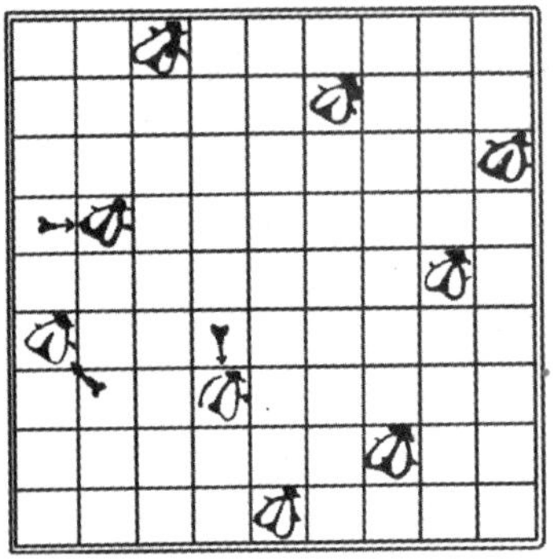

Рис. 12.

Решение задачи № 6

Забор можно построить двояко. Вот чертежи, показывающие направление ограды.

Забор, построенный по второму плану, короче и, следовательно, дешевле.

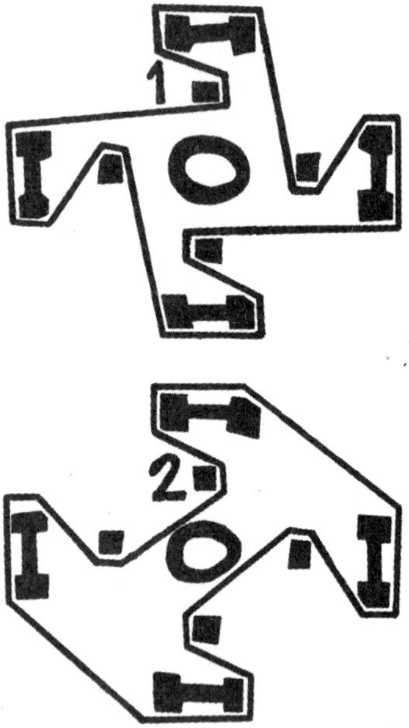

Рис. 13.

Решение задачи № 7

Вот единственное расположение, при котором два дома безопасны от нападения извне.

Вы видите, что 10 домов расположены здесь, как требовалось в задаче: по 4 на каждой из пяти прямых стен.

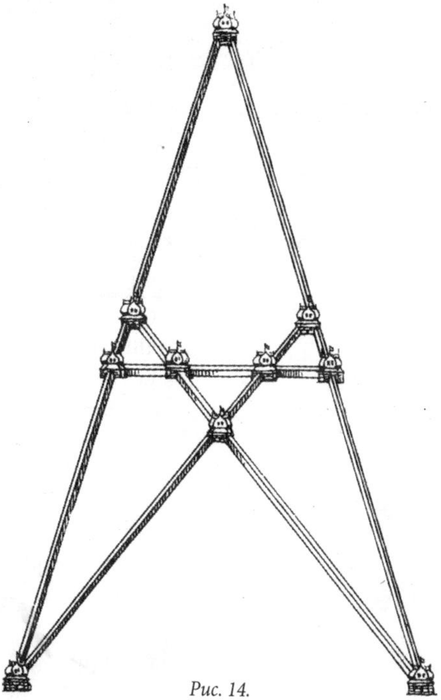

Рис. 14.

Решение задачи № 8

Деревья, оставшиеся несрубленными, были расположены так:

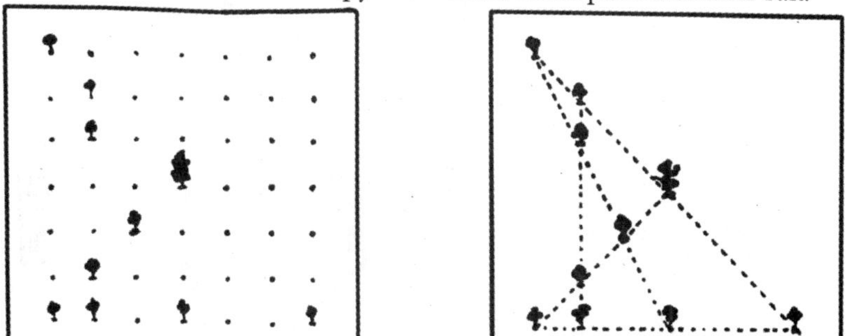

Рис. 15.

Как видите, они образуют 5 прямых рядов, и в каждом ряду 4 дерева.

Решение задачи № 9

Кошка должна съесть первой ту мышь, которая находится на нашем рисунке у кончика ее хвоста.

Попробуйте, начав с этой мыши счет по кругу, зачеркивать каждую 13-ю мышь, — вы убедитесь, что белая мышь будет зачеркнута последней.

Решение задачи № 10

На чертеже показано, как надо сложить из 18 спичек два четырехугольника, чтобы один был втрое больше другого по площади. Вторым четырехугольником является параллелограмм с высотою, равною $1\frac{1}{2}$ спичкам.

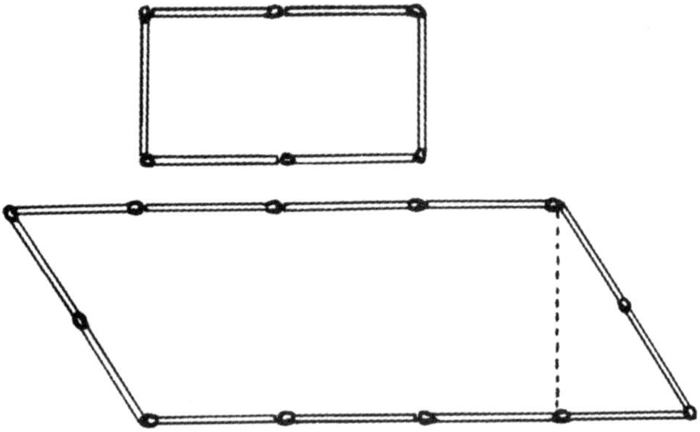

Рис. 16.

Площадь параллелограмма равна его основанию, умноженному на его высоту. В основании нашего параллелограмма лежат 4 спички, высота же равна $1\frac{1}{2}$ спичкам; следовательно, площадь равна $4 \cdot 1\frac{1}{2}$, т. е. 6 таким квадратикам, каких в меньшем четырехугольнике 2. Итак, нижний четырехугольник имеет площадь *втрое* бо́льшую, нежели верхний.

ГЛАВА ВТОРАЯ

ДЕСЯТЬ ЛЕГКИХ ЗАДАЧ

Задача № 11

Бочки

В магазин доставили 6 бочек керосину. На этом рисунке обозначено, сколько ведер было в каждой бочке. В первый же день нашлось

Рис. 17.

два покупателя; один купил целиком две бочки, другой — три, причем первый купил вдвое менее керосина, чем второй. Не пришлось даже раскупоривать бочек.

И тогда на складе из 6 бочек осталась всего одна. Какая?

Задача № 12

До половины

В бочке налита вода, по-видимому, до половины. Но вы хотите узнать *точно*, половина ли в ней налита, или больше половины, или же меньше половины. У вас нет ни палки, ни вообще инструмента для обмера бочки. Втулки* бочка не имеет. Каким образом могли бы вы убедиться, налита ли вода ровно до половины?

Задача № 13

Невозможное равенство

Кстати, о полупустой бочке. Полупустая бочка — это ведь то же, что и полуполная. Но если половины равны, то должны быть равны и целые. Полупустая бочка равна полуполной, — значит, пустая бочка должна равняться полной. Выходит, что пустой равен полному!

Почему получился такой несообразный вывод?

Задача № 14

Число волос

Как вы думаете: существует ли на свете два человека с одинаковым числом волос?

Вы ответите, пожалуй, что два совершенно лысых человека имеют волос поровну, потому что и у того и у другого ноль волос.

Это, если хотите, правильно.

Но я спрашиваю не о безволосых людях, а о таких, у которых имеются на голове густые волосы. Найдется ли в мире два человека, у которых число волос на голове было бы в точности одинаково?

А может быть, двое таких людей отыщутся в Ленинграде** или Москве?

Задача № 15

Цена переплета

Книга в переплете стоит 2 руб. 50 коп. Книга на 2 рубля дороже переплета. Сколько стоит переплет?

Задача № 16

Цена книги

Иванов приобретает все нужные ему книги у знакомого ему книгопродавца со скидкою в 20 процентов. С 1-го января цены всех книг повышены на 20 процентов. Иванов решил, что он будет теперь

* Т. е. пробки, затычки (прим. ред.).

** Ныне Санкт-Петербург; здесь и далее в тексте — в редакции Я. П. (прим. ред.).

платить за книги столько, сколько остальные покупатели платили до 1-го января. Прав ли он?

Задача № 17

Головы и ноги

На лугу паслись лошади под надзором кучеров. Если бы вы пожелали сосчитать, сколько всех ног на лугу, то насчитали бы 82 ноги. А если бы пересчитали головы, то оказалось бы, что всех голов — лошадиных и человеческих — 26.

Сколько было лошадей и сколько кучеров?

Надо заметить, что ни безногих лошадей, ни калек-кучеров на лугу не было.

Задача № 18

На счетах

Вы, без сомнения, умеете считать на конторских счетах и понимаете, что отложить на них 25 рублей — задача очень легкая.

Но задача станет замысловатее, если вам поставят условие: сделать это так, чтобы отодвинуть не 7 косточек, как обыкновенно, а 25 косточек.

Попробуйте, в самом деле, показать на конторских счетах сумму в 25 рублей, отложив ровно 25 косточек.

Конечно, на практике так никогда не делается, но задача все же разрешима, и ответ довольно любопытен.

Задача № 19

Редкая монета

Собирателю редкостей сообщили, что в Риме при раскопках найдена монета с надписью по-латыни:

53-й год до Р. Х.

— Монета, конечно, поддельная, — ответил собиратель.

Как мог он знать это, не видя ни самой монеты, ни даже ее изображения?

Задача № 20

Спаржа

Женщина обыкновенно покупает у зеленщика спаржу большими пучками, каждый 40 сантиметров в окружности. Покупая, она мерит их, чтобы убедиться, что ее не обманывают. Но однажды у торговца не оказалось 40-сантиметрового пучка, и он предложил покупательнице за те же деньги два тонких пучка, каждый по 20 сантиметров в обхвате.

Женщина обмерила два пучка и, убедившись, что обхват каждого действительно равен 20 сантиметрам, заплатила зеленщику столько же, сколько платила раньше за один толстый пучок.

Прогадала ли она или выгадала на этой покупке?

РЕШЕНИЯ ЗАДАЧ №№ 11—20

Решение задачи № 11

Первый покупатель купил 15-ведерную и 18-ведерную бочку. Второй — 16-ведерную, 19-ведерную и 31-ведерную. В самом деле:

$$15 + 18 = 33,$$

$$16 + 19 + 31 = 66,$$

т. е. второй покупатель приобрел вдвое больше керосину, чем первый.

Осталась непроданной 20-ведерная бочка.

Это единственный возможный ответ. Другие сочетания не дают требуемого соотношения.

Решение задачи № 12

Самый простой способ — наклонить бочку так, чтобы вода дошла до края. Если при этом немного обнаружится дно бочки, — значит, вода стояла ниже половины. Если дно очутится ниже уровня воды, — значит, вода была налита больше чем до половины. И наконец, если верхний край дна будет как раз на уровне воды, — значит, вода налита ровно до половины.

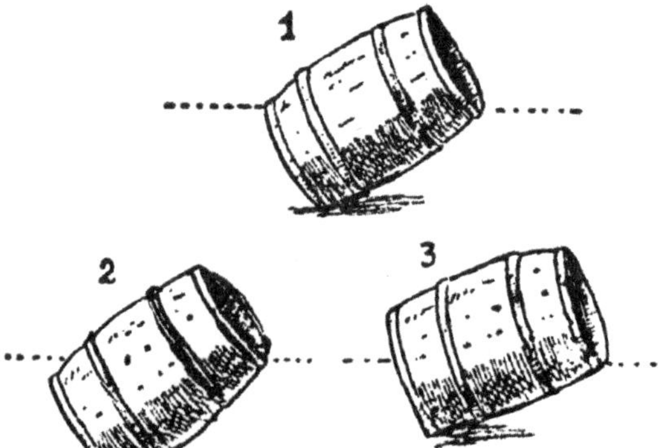

Рис. 18.

Решение задачи № 13

Полупустая бочка есть не половина пустой бочки, а такая бочка, одна половина которой пуста, другая — полна. Мы же рассуждали так, как будто слово «полупустая» значит: «половина пустой бочки», а «полуполная» — половина полной. Не удивительно, что при таком неправильном понимании мы пришли к неправильному выводу.

Решение задачи № 14

Прежде чем решить задачу, задайте себе вопрос: чего больше — людей на свете или волос на голове одного человека?

Разумеется, людей на свете неизмеримо больше, чем волос на голове. У нас волос на голове всего 150—200 тысяч, людей же на свете 1800 миллионов*.

А если так, то необходимо должны существовать люди с одинаковым числом волос! И не только во всем мире, но даже в каждом многолюдном городе, насчитывающем больше 200 тысяч жителей. В Москве 1½ миллиона жителей*, и, значит, девятки москвичей должны иметь число волос одинаковое. Ведь не может же быть 1½ миллиона *различных целых чисел*, из которых ни одно не больше 200 000.

Решение задачи № 15

Обыкновенно, не подумав, отвечают:

— Переплет стоит 50 копеек.

Но тогда ведь книга стоила бы 2 рубля, т. е всего на 1 руб. 50 коп. дороже переплета!

Верный ответ: цена переплета — 25 коп., цена книги — 2 руб. 25 коп.

Решение задачи № 16

Иванов, — как ни странно, — будет и теперь платить все же *меньше*, чем остальные покупатели платили до 1 января. Он будет получать 20% скидки с цены, увеличенной на 20%; другими словами, он будет получать скидку 20% с 120%, т. е. платить не 100%, а всего лишь 96% прежней цены книги. Трехрублевую книгу он приобретет не за 3 рубля, а за 2 руб. 88 коп.

Решение задачи № 17

Если бы все 26 голов на лугу были человеческие, мы насчитали бы не 82 ноги, а только 52, т. е на 30 ног меньше. От замены одного человека лошадью число всех ног увеличилось бы на 2. Значит, чтобы насчитать 82 ноги, надо произвести подобную замену 15 раз — тогда и найдутся недостающие 30 ног.

* Текст написан в 1924 году (прим. ред.).

Итак, из 26 голов 15 принадлежало лошадям, а остальные 11 — людям.

Решение задачи № 18

Двадцать пять рублей можно отложить на счетах 25-ю косточками следующим образом:

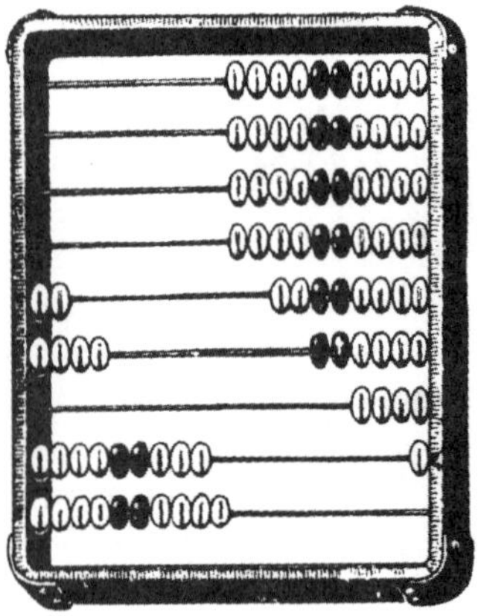

Рис. 19.

В самом деле: здесь отложено 20 руб. + 4 руб. + 90 коп. + 10 коп. = = 25 руб.

Число же косточек — 2 + 4 + 9 + 10 = 25.

Решение задачи № 19

Чеканя монету до Р. Х., римляне разве могли знать, что через 53 года родится Христос?

Решение задачи № 20

Покупательница прогадала. Пучок с двойным обхватом заключает в себе не вдвое, а *вчетверо* более спаржи, нежели тонкий пучок (см. рис. 20).

Рис. 20.

Женщина должна была либо заплатить вдвое меньше, либо же потребовать не два, а четыре тонких пучка.

ГЛАВА ТРЕТЬЯ

ДЕСЯТЬ ЗАДАЧ ПОТРУДНЕЕ

Задача № 21

Сколько прямоугольников?

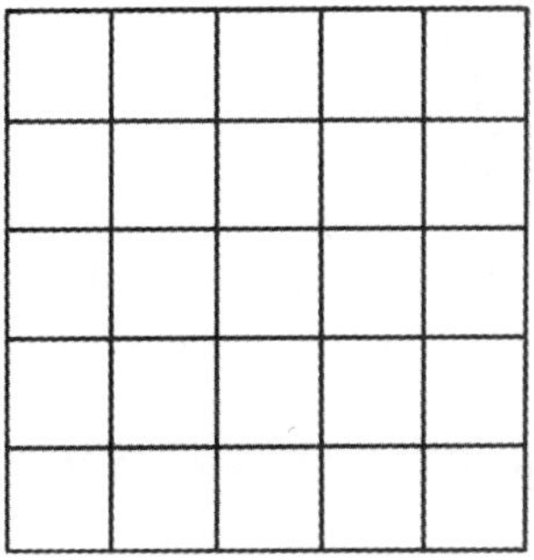

Рис. 21.

Сколько прямоугольников можете вы насчитать в этой фигуре?

Не спешите с ответом. Обратите внимание на то, что спрашивается не о числе *квадратов*, а о числе прямоугольников вообще — больших и малых, — какие можно насчитать в этой фигуре.

Задача № 22

Реомюр и Цельсий

Вы знаете, конечно, разницу между термометрами Реомюра и Цельсия*. Скажите же: всегда ли градусы на термометре Реомюра больше, чем градусы на термометре Цельсия?

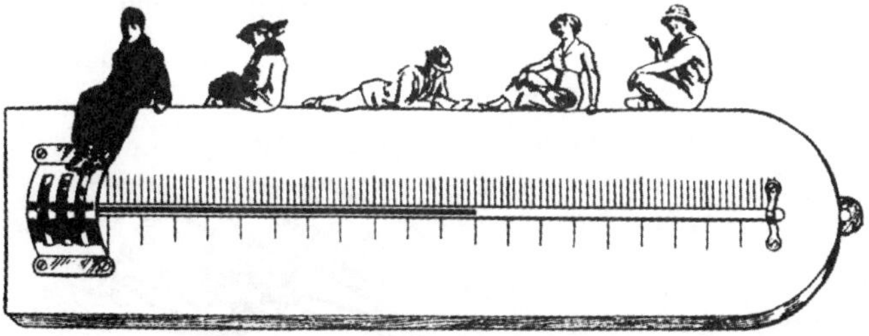

Рис. 22.

* В шкале Реомюра больше цена градуса: 0°R — точка замерзания воды, 80°R — точка кипения воды (при нормальных условиях). В наши дни шкала Реомюра вышла из употребления (прим. ред.).

Задача № 23

Столяр и плотники

Шесть плотников и столяр нанялись на работу. Каждый плотник заработал по 20 руб., столяр же — на 3 руб. больше, чем заработал в среднем каждый из семерых.

Сколько же заработал столяр?

Задача № 24

Девять цифр

Напишите по порядку девять цифр:

1 2 3 4 5 6 7 8 9.

Вы можете, не меняя их порядка, вставить между цифрами знаки плюс и минус таким образом, чтобы в сумме получилось ровно 100.

Нетрудно, например, вставив + и – шесть раз, получить 100 таким путем:

$$12 + 3 - 4 + 5 + 67 + 8 + 9 = 100.$$

Если хотите вставить + или – всего только 4 раза, вы тоже можете получить 100.

$$123 + 4 - 5 + 67 - 89 = 100.$$

Попробуйте, однако, получить 100, пользуясь знаками + и – всего только *три* раза!

Это гораздо труднее. И все же — вполне возможно, надо только терпеливо искать.

Задача № 25

Книжный червь

В моем книжном шкафу стоят на полке сочинения Пушкина в 8-ми томах, том к тому.

Приехав с дачи, я с досадой убедился, что летом книжный червь усердно сверлил моего Пушкина и успел прогрызть ход от первой страницы первого тома до последней страницы третьего тома.

Сколько всего страниц прогрыз червь, если в первом томе 700 страниц, во втором — 640, а в третьем — 670?

Задача № 26

Сложение и умножение

Вы, без сомнения, не раз уже обращали внимание на любопытную особенность равенств:

$$2 + 2 = 4,$$
$$2 \cdot 2 = 4.$$

Это единственный пример, когда сумма и произведение двух целых чисел (и при том равных) одинаковы.

Вам, однако, быть может, неизвестно, что существуют дробные числа (правда, не равные), обладающие тем же свойством:

$$3 + 1\frac{1}{2} = 4\frac{1}{2},$$
$$3 \cdot \frac{1}{2} = 4\frac{1}{2}.$$

Попытайтесь подыскать еще примеры таких же чисел. Чтобы вы не думали, что поиски напрасны, скажу вам, что таких чисел весьма-весьма много.

Задача № 27

Стрельба на пароходе

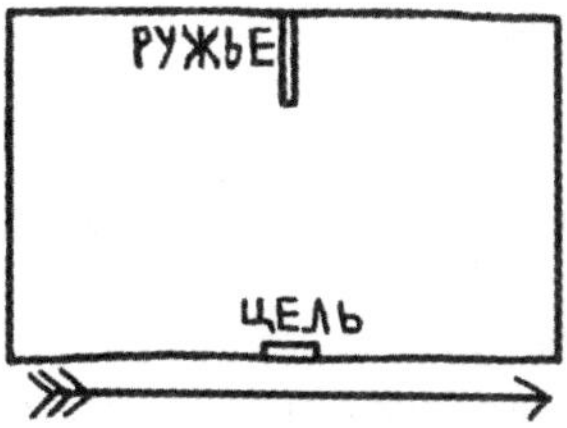

Рис. 23.

Хороший стрелок стоит у одного борта парохода, а у противоположного помещена мишень. Пароход движется так, как изображено длинной стрелкой на приложенном здесь чертеже.

Стрелок прицелился совершенно точно. Попадет ли он в цель?

Задача № 28

Под водой

На обыкновенных весах лежат: на одной чашке — булыжник, весящий ровно 2 килограмма, на другой — железная гиря в 2 килограмма. Я осторожно опустил эти весы под воду. Остались ли чашки в равновесии?

Задача № 29

Как это сделано?

Вы видите здесь деревянный куб, сделанный из двух кусков дерева: верхняя половина куба имеет выступы, входящие в выемки нижней части. Но обратите внимание на форму и расположение выступов и объясните: как ухитрился столяр соединить оба куска?

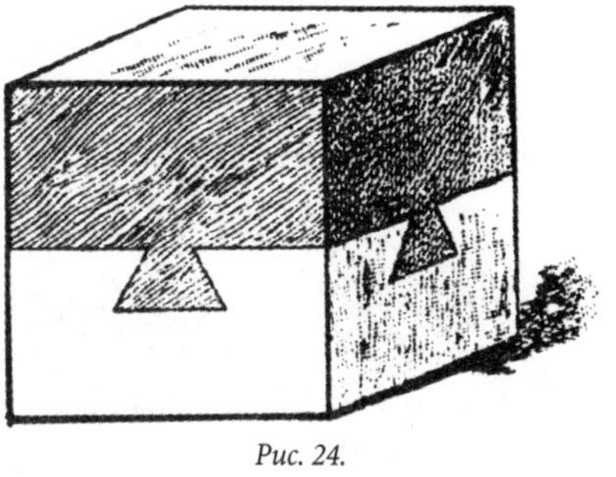
Рис. 24.

Задача № 30

Скорость поезда

Вы сидите в вагоне железной дороги и желаете узнать, с какою скоростью он мчится. Можете ли вы это определить по стуку колес?

РЕШЕНИЯ ЗАДАЧ №№ 21—30

Решение задачи № 21

Различно расположенных прямоугольников в этой фигуре можно насчитать 225.

Решение задачи № 22

Если бы речь шла о *градусах температуры*, то, конечно, градус Реомюра всегда больше градуса Цельсия, именно на $\frac{1}{5}$ долю; поэтому, если в вашей комнате 16 градусов Реомюра, то по Цельсию — 20.

Но это вовсе не значит, что на той дощечке термометра, на которой нанесены деления (на «шкале»), длина градусов всегда должна быть больше у термометра Реомюра, нежели у Цельсия. Длина деления зависит от того, сколько ртути в шарике термометра, и от толщины трубки. Чем больше ртути в шарике и чем тоньше канал трубки, тем выше поднимается ртуть в трубке при нагревании и тем больше промежуток между двумя делениями шкалы. В этом смысле «градус» может иметь самую различную длину, и вполне понятно, что такой градус Реомюра бывает нередко меньше градуса Цельсия.

Решение задачи № 23

Легко узнать, каков был средний заработок семерых рабочих; для этого нужно избыточные 3 рубля разделить поровну между 6 плотниками. К 20 рублям каждого надо, следовательно, прибавить 50 коп., — это и есть средний заработок каждого из семерых.

Отсюда узнаем, что столяр заработал 20 р. 50 к. + 3 р., т. е. 23 р. 50 к.

Решение задачи № 24

Вот каким способом можете вы получить 100 из ряда девяти цифр и трех знаков + и –:

$$123 - 45 - 67 + 89 = 100.$$

В самом деле:

$$\begin{array}{r} 123 \\ +\ 89 \\ \hline 212 \end{array} \quad \begin{array}{r} 45 \\ +\ 67 \\ \hline 112 \end{array} \quad \begin{array}{r} 212 \\ -\ 112 \\ \hline 100 \end{array}$$

Других решений задача не имеет.

Впрочем, если у вас есть терпение, попытайтесь испробовать другие сочетания.

Решение задачи № 25

Казалось бы, надо просто сложить числа страниц трех томов — и задача решена. Но не спешите с решением. Обратите внимание на то, как стоят книги на полке и как расположены в них страницы.

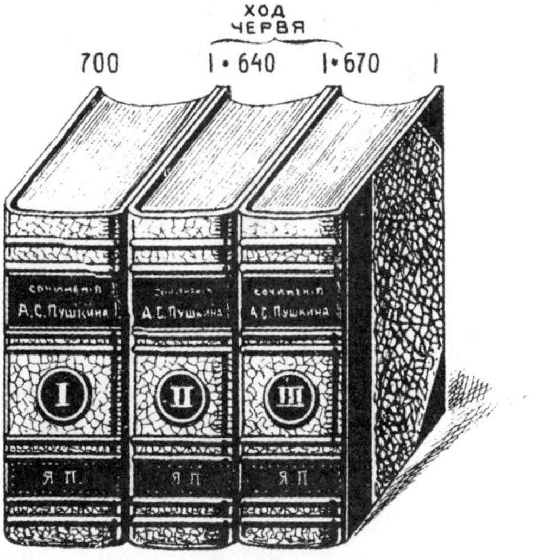

Рис. 25.

Вы видите, что 1-я страница I тома примыкает к 640-й странице II тома, а последняя страница III находится рядом с первой страницей II тома.

И если червь проделал ход от 1-й страницы I тома до последней страницы III тома, то он прогрыз всего только 640 страниц среднего тома, да еще 4 крышки переплета, — не более.

Решение задачи № 26

Существует *бесчисленное множество* пар таких чисел. Вот несколько примеров:

$4 + 1\frac{1}{3} = 5\frac{1}{3};$ $\quad$ $5 + 1\frac{1}{4} = 6\frac{1}{4};$

$4 \cdot 1\frac{1}{3} = 5\frac{1}{3};$ $\quad$ $5 \cdot 1\frac{1}{4} = 6\frac{1}{4};$

$11 + 1{,}1 = 12{,}1;$ $\quad$ $9 + 1\frac{1}{8} = 10\frac{1}{8};$

$11 \cdot 1{,}1 = 12{,}1;$ $\quad$ $9 \cdot 1\frac{1}{8} = 10\frac{1}{8};$

$21 + 1\frac{1}{20} = 22\frac{1}{20};$ $\quad$ $101 + 1{,}01 = 102{,}01;$

$21 \cdot 1\frac{1}{20} = 22\frac{1}{20};$ $\quad$ $101 \cdot 1{,}01 = 102{,}01.$

Решение задачи № 27

Конечно, меткий стрелок попадет в цель, — если только пароход движется равномерно по прямой линии. Такое движение парохода ничем не может повлиять на полет пули.

Другое дело, если бы в самый момент выстрела пароход внезапно остановился, или замедлил ход, или ускорил его, или изменил курс: тогда пуля могла бы и не попасть в цель.

Решение задачи № 28

Каждое тело, если погрузить его в воду, становится легче: оно «теряет» в своем весе столько, сколько весит вытесненная им вода. Зная этот закон (открытый Архимедом), мы без труда можем ответить на вопрос задачи.

Булыжник весом в 2 килограмма занимает больший объем, чем 2-килограммовая железная гиря, потому что материал камня, гранит, легче железа. Значит, булыжник вытеснит больший объем воды, нежели гиря, и, по закону Архимеда, потеряет в воде больше веса, чем гиря: весы под водой наклонятся в сторону гири.

Решение задачи № 29

Ларчик открывается очень просто, как видно из чертежа 26-го.

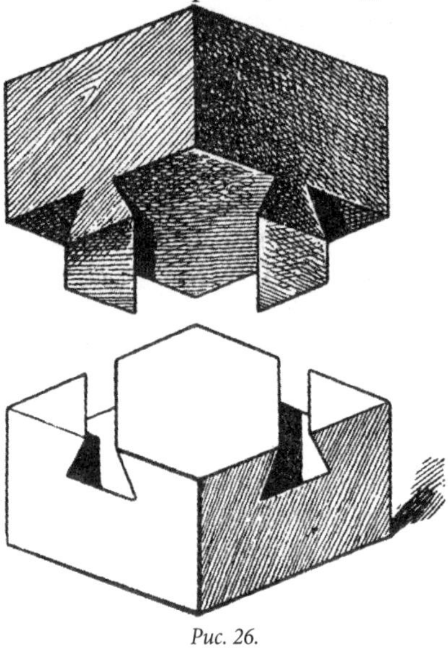

Рис. 26.

Все дело только в том, что выступы и углубления идут не крестом, как невольно кажется при рассматривании готовой вещи, а параллельно, в косом направлении.

Такие выступы очень легко сбоку вдвинуть в соответствующие выемки.

Решение задачи № 30

Вы заметили, конечно, что при езде в вагоне все время ощущаются мерные толчки; никакие рессоры не могут сделать их неощутительными. Толчки эти происходят оттого, что колеса слегка сотрясаются в местах соединения двух рельсов, и этот толчок передается всему

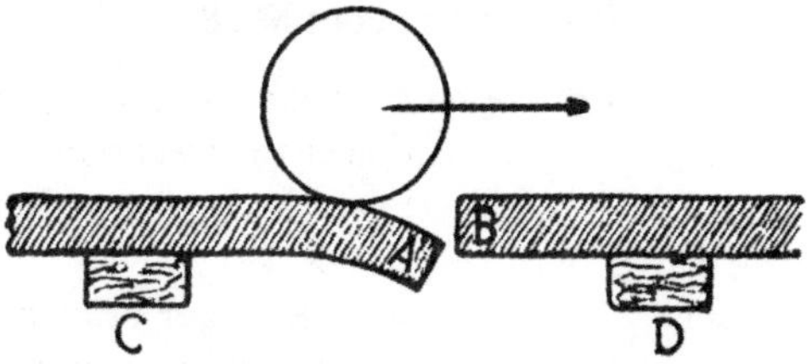

Рис. 27. Когда железнодорожное колесо проходит через место соединения рельсов, конец A отгибается вниз, между тем как конец B еще остается прямым. Отсюда толчок, который ощущают едущие в вагоне.

вагону*. Значит, стоит лишь вам сосчитать, сколько толчков в минуту испытывает вагон, чтобы узнать, сколько рельсов пробежал поезд. Теперь остается лишь умножить это число на длину рельса, — и вы получите расстояние, проходимое поездом в одну минуту.

Обычная длина рельса — около 8½ метров**. Сосчитав с часами в руках число толчков в минуту, умножьте это число на 8½, затем на 60 и делите на 1000 — получится число километров, пробегаемое поездом в час:

$$\frac{(\text{число толчков}) \cdot 17 \cdot 60}{2 \cdot 1000} = \text{числу километров в час.}$$

Так как

$$\frac{17 \cdot 60}{2 \cdot 1000} = \frac{1020}{2000} = \text{около половины,}$$

то достаточно просто разделить на 2 число толчков в минуту, чтобы приблизительно узнать, сколько километров пробегает поезд в час.

* С 1960-х годов в развитых странах при строительстве железных дорог широко используется технология бесстыкового («бархатного») пути, поэтому в наши дни вышеописанных «мерных толчков» при движении поезда может и не быть (прим. ред.).

** На некоторых дорогах рельсы 6-метровые. Выйдя из вагона на станции, вы можете, измеряя рельсы шагами, узнать их длину; каждые 8 шагов можно принять за 5 метров.

ГЛАВА ЧЕТВЕРТАЯ

ОБМАНЫ ЗРЕНИЯ

Задача № 31

Загадочный рисунок

Пока вы смотрите на эти две физиономии, держа книгу неподвижно, они не обнаруживают ничего необычайного. Но начните двигать книгу вправо и влево, не переставая смотреть на рисунки. Произойдет любопытная вещь: физиономии словно оживут — начнут двигать зрачками вправо и влево, поворачивая также при этом рот и нос.

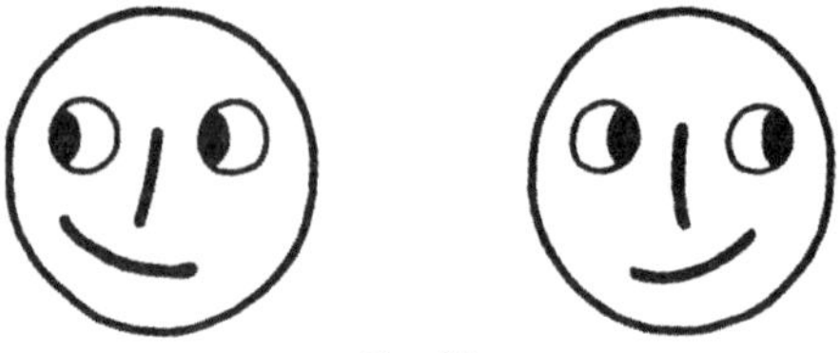

Рис. 28.

Отчего это происходит?

Задача № 32

Три монеты

Положите рядом три монеты — одинаковые или разные. То, что я сейчас предложу вам сделать с ними, кажется с первого взгляда очень простым. Тем неожиданнее будет для вас то, что вы узнаете потом.

Рис. 29.

Вот эта задача: выдвиньте среднюю монету вниз на столько, чтобы между нею и каждою из остальных двух был промежуток, равный расстоянию между *A* и *B* (рис. 30).

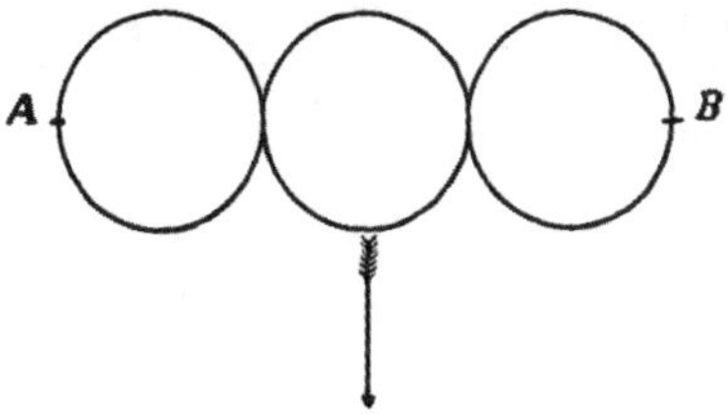

Рис. 30.

Вы должны полагаться при этом только на свой глазомер и не прибегать к помощи циркуля или бумажки. Большой точности от вас не требуют: если вы ошибетесь всего на 1 сантиметр, то задача будет считаться решенной вполне верно.

Задача № 33

Четыре фигуры

Какая из этих четырех фигур самая большая и какая самая маленькая?

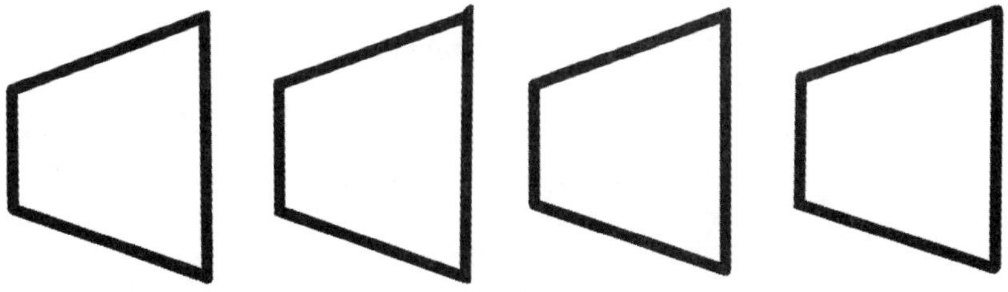
Рис. 31.

Дайте ответ, полагаясь только на свой глазомер.

Задача № 34

Кто длиннее?

Рис. 32.

Вы видите здесь три черных фигуры. Ответьте на вопрос: если смерить их бумажкой или циркулем, какая фигура окажется длинней?

Конечно, задача очень легка, когда проделываешь это на самом деле. Но попробуйте заранее, без измерения, сказать, какая фигура длиннее, и потом проверьте себя. Вас ожидает занимательный сюрприз.

Задача № 35

Окружность пальца

Как вы думаете: во сколько раз окружность вашего пальца — например, среднего пальца вашей руки — меньше окружности вашего запястья?

Попробуйте ответить на этот вопрос, — а потом проверьте ответ бечевкой или полоской бумаги. Могу заранее сказать, что вы будете немало смущены результатом проверки. Почему?

Задача № 36

Кривые ноги

Почему у этих двух человек такие кривые ноги?

Рис. 33.

Задача № 37

Неожиданность

Закрыв один глаз, всматривайтесь другим в белый квадратик, нарисованный в верхней части прилагаемого рисунка. Спустя десять или пятнадцать секунд вы заметите нечто совершенно неожиданное. Что именно?

Рис. 34.

Задача № 38

Воздушный шар

Фабричная труба на рис. 35 заслоняет часть каната, к которому привязан воздушный шар. Но художник как будто ошибся — канат вправо от трубы разве составляет продолжение левой части каната? Исправьте рисунок.

Рис. 35.

Задача № 39

Какие линии?

В какую сторону изогнуты линии этого треугольника?

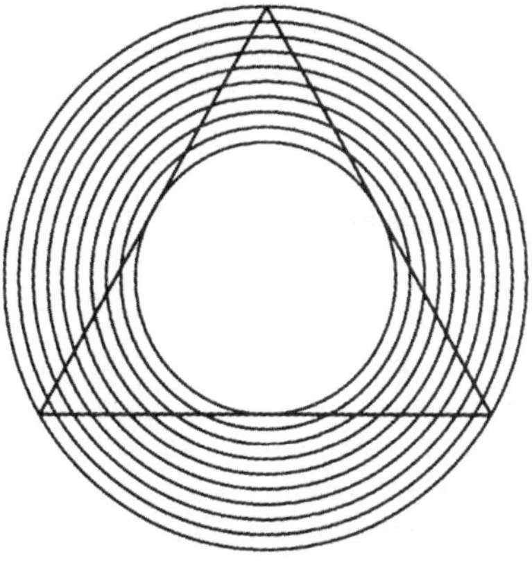

Рис. 36.

Задача № 40

Дорожки сада

Рис. 37.

Что длиннее: расстояние между точками *A* и *C* или между *A* и *B*?

Сначала дайте ответ, потом измерьте.

РЕШЕНИЯ ЗАДАЧ №№ 31—40

Решение задачи № 31

Зрачки на этих рисунках кажутся движущимися по той же причине, по какой оживают картины кинематографа. Когда мы смотрим на правый рисунок и затем быстро переводим взгляд на левый, то первое зрительное впечатление прекращается не сразу, а еще сохраняется на мгновение; в тот момент, когда оно прекратится и заменится новым, нам, естественно, должно показаться, будто зрачки на рисунке передвинулись от одного края глаза к другому.

Решение задачи № 32

Ваше решение, вероятно, было приблизительно такое:

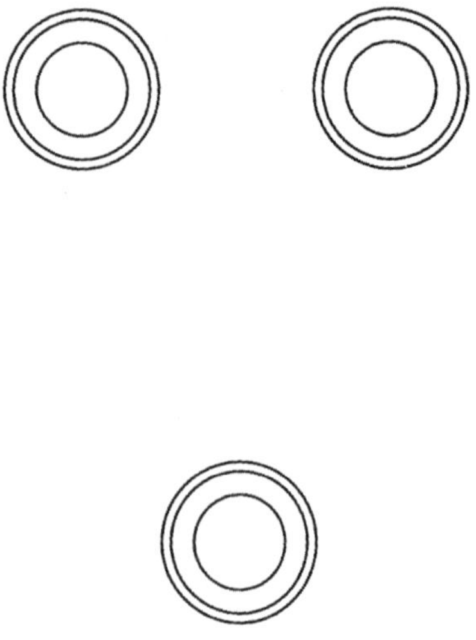

Рис. 38.

Оно как будто вполне удовлетворяет условию задачи, не правда ли? Но попробуйте измерить расстояния циркулем, — окажется, что вы ошиблись чуть не в полтора раза!

А вот правильное расположение монет, — несмотря на то, что для нашего глазомера оно кажется совсем неправильным (рис. 39).

Чем крупнее кружки, тем обман зрения поразительнее. Опыт хорошо удается и в том случае, если взять неодинаковые кружки.

Решение задачи № 33

Все четыре фигуры одинаковой величины, — хотя нам и кажется, что они уменьшаются по порядку слева направо. В каждой паре правая фигура кажется меньше левой оттого, что левая расширяется по направлению к правой и словно охватывает ее.

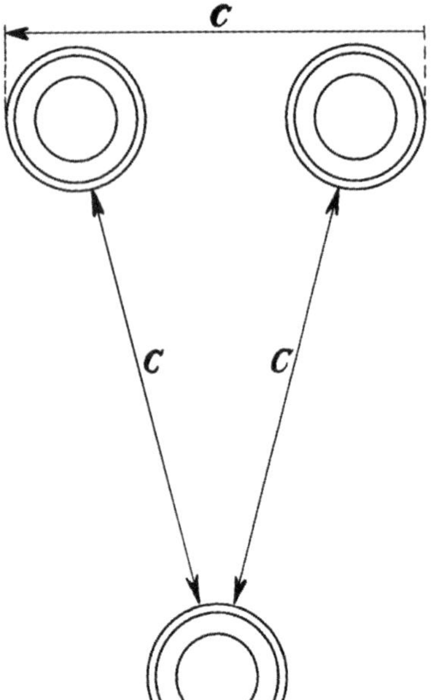

Рис. 39.

Решение задачи № 34

Это интересный обман зрения: фигура человека, идущего впереди, имеет совершенно такую же длину, как и фигура гражданина в цилиндре. Передний человек кажется нам великаном по сравнению с гражданином в цилиндре только потому, что первый изображен идущим вдалеке.

Мы привыкли к тому, что предметы с удалением уменьшаются; поэтому, когда мы видим вдали *неуменьшенную* человеческую фигуру, мы невольно заключаем, что это — человек исполинских размеров, раз он кажется крупным даже на большом расстоянии.

Решение задачи № 35

Результат проверки смутит вас потому, что обнаружит грубую ошибочность вашего ответа. Вы, наверное, думали, что окружность пальца раз в 5—6 меньше окружности запястья. Между тем нетрудно убедиться непосредственно, что в окружности запястья окружность пальца содержится всего только… три раза!

Отчего происходит такой обман зрения — трудно объяснить.

Решение задачи № 36

У этих людей ноги вовсе не кривые! Вы можете проверить их прямизну по линейке — все 8 линий идут совершенно прямо и параллельны между собой.

Можно проверить и без линейки: держите книгу на уровне глаз и смотрите вдоль линий ног — вы ясно увидите, что ноги прямые.

Кажущаяся кривизна — любопытный обман зрения, который особенно усиливается, когда смотрят на рисунок сбоку.

Решение задачи № 37

Неожиданное явление состоит в том, что через 10—15 секунд нижняя белая полоса *совершенно пропадет* — на ее месте будет сплошной черный фон! Спустя 1—2 секунды полоса снова вырисуется, затем вновь исчезнет, чтобы появиться опять, и т. д.

Это загадочное явление объясняется, вероятно, утомляемостью нашего глаза.

Решение задачи № 38

Рисунок сделан совершенно правильно. Приложите линейку к канату — и вы убедитесь, что, вопреки очевидности, обе части каната составляют продолжение одна другой.

Решение задачи № 39

Линии нисколько не изогнуты ни внутрь, ни наружу, а кажутся вогнутыми внутрь оттого, что их пересекает наискось ряд дуг.

Решение задачи № 40

Вопреки очевидности, $AC = AB$.

ГЛАВА ПЯТАЯ

ДЕСЯТЬ ЗАТРУДНИТЕЛЬНЫХ ПОЛОЖЕНИЙ

Задача № 41

Жестокий закон

Жил некогда жестокий правитель, который не желал никого впускать в свои владения. У моста через пограничную реку был поставлен часовой, вооруженный с головы до ног, и ему приказано было допрашивать каждого путника:

— Зачем идешь?

Если путник говорил неправду, часовой обязан был схватить его и тут же повесить. Если же путник отвечал правду, ему и тогда не было спасения: часовой должен был немедленно утопить его в реке.

Таков был суровый закон жестокосердного правителя, и неудивительно, что никто не решался приблизиться к его владениям.

Рис. 40.

Но вот нашелся крестьянин, который, несмотря на это, спокойно подошел к охраняемому мосту у запретной границы.

— Зачем идешь? — сурово остановил его часовой, готовясь казнить смельчака, безрассудно идущего на верную гибель.

Но ответ был таков, что озадаченный часовой, строго исполняя жестокий закон, не мог ничего поделать с догадливым крестьянином.

Каков же был ответ?

Задача № 42

Милостивый закон

В некотором государстве был такой обычай. Каждый преступник, осужденный на смерть, тянул перед казнью жребий, который давал ему надежду на спасение. В ящик опускали две бумажки: одну с надписью «*Жизнь*», другую с надписью «*Смерть*». Если осужденный вынимал первую бумажку, — он получал помилование; если же он имел несчастие вынуть бумажку с надписью «*Смерть*», — приговор приводился в исполнение.

У одного человека, жившего в этой стране, были враги, которые оклеветали его и добились того, что суд приговорил несчастного к смертной казни. Мало того: враги не желали оставить невинно осужденному ни малейшей возможности спастись. В ночь перед казнью они вытащили из ящика бумажку с надписью «*Жизнь*» и заменили ее бумажкой с надписью «*Смерть*». Значит, какую бы бумажку ни вытянул осужденный, он не мог избегнуть смерти.

Так думали его враги. Но у него были друзья, которым стали известны козни врагов. Они успели предупредить осужденного, что в ящике оба жребия имеют надпись «*Смерть*». Друзья убеждали несчастного открыть перед судьями преступный подлог его врагов и настаивать на осмотре ящика с жребиями.

Но, к изумлению, осужденный просил друзей хранить проделку врагов в строжайшей тайне и уверял, что тогда он будет наверное спасен. Друзья приняли его за сумасшедшего…

Наутро осужденный, ничего не сказав судьям о заговоре своих врагов, тянул жребий и — был отпущен на свободу!

Как же ему удалось так счастливо выйти из своего, казалось бы, безнадежного положения?

Задача № 43

Учитель и ученик

То, что описано ниже, произошло, говорят, в Древней Греции. Учитель мудрости, софист Протагор взялся обучить Квантла всем приемам адвокатского искусства. Между учителем и учеником было заключено условие, по которому ученик обязывался уплатить своему учителю вознаграждение тотчас же после того, как впервые обнаружатся его успехи, т. е. после первой же выигранной им тяжбы.

Квантл прошел уже полный курс обучения. Протагор ожидает платы, — но ученик не торопится выступать на суде защитником. Как же быть? Учитель, наконец, напал на мысль взыскать с ученика долг по суду. Протагор подал на ученика в суд. Он рассуждал так: если дело будет нм выиграно, то деньги должны быть взысканы на основании судебного приговора; если же тяжба будет им проиграна и, следовательно, выиграна его учеником, то деньги опять-таки должны быть уплачены Квантлом по уговору — платить после первой же выигранной тяжбы, на которой ученик выступит.

Однако ученик, напротив, считал тяжбу Протагора совершенно безнадежною. Он, как видно, действительно кое-что перенял у своего учителя и рассуждал так: если его присудят к уплате, то он не должен платить по уговору — ведь он проиграл первую тяжбу; если же дело будет решено в его пользу, то он опять-таки не обязан платить — на основании судебного приговора.

Настал день суда. Судья был в большом затруднении. Однако, после долгого размышления, судья нашел, наконец, выход: такой приговор, который, нисколько не нарушая условий уговора между учителем и учеником, в то же время давал учителю возможность получить обусловленное вознаграждение.

Каков же был приговор судьи?

Задача № 44

На болоте

Отряд французских солдат во время похода в Алжире очутился однажды в местности, совершенно лишенной растительности и притом с почвой настолько болотистой, что хотя по ней и можно было ступать, но сесть на нее было положительно невозможно. Усталый отряд подвигался вперед в поисках подходящего места для привала, но на десятки верст простиралась все та же болотистая почва. Как отдохнуть, если нет кругом ни единого сухого местечка и ничего такого, что можно было бы подложить или на что можно было бы сесть?

И все-таки одному солдату удалось напасть на счастливую мысль, которая выручила весь отряд из затруднительного положения. Солдаты удобно уселись и отдохнули.

Как? Отгадайте!

Задача № 45

Три разведчика

Не в менее затруднительном положении оказались однажды трое пеших разведчиков, которым необходимо было перебраться на противоположный берег реки при отсутствии моста. Правда, на реке катались в челноке два мальчика, готовые помочь солдатам. Но челнок был так мал, что мог выдержать вес только одного солдата: даже солдат и один мальчик не могли одновременно сесть в лодку без риска ее потопить. Плавать солдаты совсем не умели.

Казалось бы, при таких условиях мог переправиться через реку только один солдат. Между тем все три разведчика вскоре благополучно очутились на противоположном берегу и возвратили лодку мальчикам.

Как они это сделали?

Задача № 46

Слишком много предков

У меня есть отец и мать. У моего отца и у моей матери тоже, конечно, были отец и мать. Значит, восходя к 3-му поколению, я нахожу у себя 4 предков.

Каждый из моих двух дедов и каждая из моих двух бабушек также имели отца и мать. Следовательно в 4-м поколении у меня 8 прямых предков. Восходя к 5-му, 6-му, 7-му и т. д. поколениям назад, я нахожу, что число моих предков все возрастает, и притом чрезвычайно обильно. А именно:

Во 2-м поколении		2	предка
В 3	»	4	»
4	»	8	»
5	»	16	»
6	»	32	»
7	»	64	»
8	»	128	»
9	»	256	»
10	»	512	»
11	»	1024	»
12	»	2048	»
13	»	4096	»
14	»	8192	»
15	»	16 384	»
16	»	32 768	»
17	»	65 536	»
18	»	31 072	»
19	»	262 144	»
20	»	524 288	»

Вы видите, что 20 поколений назад у меня была уже целая армия прямых предков, больше полумиллиона. И с каждым дальнейшим поколением это число удваивается.

Если считать, как обыкновенно принимается, по три поколения в столетие, то в начале нашей эры, 19 веков тому назад*, на земле должно было жить несметное количество моих предков: можно вычислить, что число их должно заключать в себе 18 цифр!

Чем дальше в глубь веков, тем число моих предков должно возрастать. В эпоху первых фараонов численность их должна была доходить до умопомрачительной величины. В каменный век, предшествовавший египетской истории, моим предкам было уже, вероятно, тесно на земном шаре.

Но ведь и у вас, читатель, было столько же прямых предков. Прибавьте их к моим и присоедините еще предков всех своих знакомых, да прибавьте еще предков всех вообще людей, живущих ныне на земле, — и вы легко вообразите, в какой страшной тесноте жили наши предки: ведь для них буквально не хватало места на земном шаре!

Не укажете ли вы им выход из этого затруднительного положения?

Задача № 47

В ожидании трамвая

Три брата, возвращаясь из театра домой, подошли к рельсам трамвая, чтобы вскочить в первый же вагон, который подойдет. Вагон не показывался, и старший брат предложил подождать.

— Чем стоять здесь и ждать, — ответил средний брат, — лучше пойдем вперед. Когда вагон догонит нас, тогда и вскочим; а тем временем часть пути будет уже за нами — скорее домой приедем.

— Если уж идти, — возразил младший брат, — то не вперед по движению, а в обратную сторону: тогда нам, конечно, скорее попадется встречный вагон; мы раньше и домой прибудем.

Так как братья не могли убедить друг друга, то каждый поступил по-своему: старший остался ожидать на месте, средний пошел вперед, младший — назад.

Кто из трех братьев раньше приехал домой? Кто из них поступил благоразумнее?

Задача № 48

Куда девался гость?

Можно ли посадить 11 гостей на 10 стульев так, чтобы на каждом стуле сидело по одному человеку?

Вы думаете — нельзя? Нет, можно: надо только умеючи взяться за дело.

* Напоминаем, что текст написан в 1924 году (прим. ред.).

Поступите так. Первого гостя посадите на первый стул.

Затем попросите 11-го гостя сесть временно на тот же первый стул.

Усадив этих двух гостей на первый стул, вы усаживаете:

3-го гостя на 2-й стул
4-го » » 3-й »
5-го » » 4-й »
6-го » » 5-й »
7-го » » 6-й »
8-го » » 7-й »
9-го » » 8-й »
10-го » » 9-й »

Как видите, остается свободным 10-й стул. На него вы и посадите 11-го гостя, который временно сидел на 1-м стуле.

Теперь вы счастливо вышли из затруднительного положения: у вас рассажены все 11 гостей на 10-ти стульях.

А все-таки: куда девался один гость?

Задача № 49

Без гирь

Вам принесли на дом 10 килограммов сливочного масла. Вы желаете купить всего только 5 килограммов. У одного из ваших соседей нашлись весы с коромыслом, но гирь нет ни у вас, ни у разносчика и ни у кого из соседей.

Можете ли вы без всяких гирь отвесить 5 килограммов от 10 килограммов?

Задача № 50

На неверных весах

Представьте себе, что, когда вы догадались, наконец, как отвесить масло без гирь, входит ваш сосед, ссудивший вам весы, и сообщает, что весы его очень ненадежны: на верность их полагаться нельзя.

Можете ли вы даже и на неверных весах, притом без гирь, отвесить правильно 5 килограммов от 10-килограммовой партии?

РЕШЕНИЯ ЗАДАЧ №№ 41—50

Решение задачи № 41

На вопрос часового: «Зачем идешь?» — крестьянин дал такой ответ:

— Иду, чтобы быть повешенным вот на этой виселице.

Такой ответ поставил часового в тупик. Что он должен сделать с крестьянином? Повесить? Но тогда крестьянин сказал *правду*, за правдивый же ответ было приказано не вешать, а топить. Но и утопить нельзя: в таком случае крестьянин солгал, а за ложное показание предписывалось повесить.

Так часовой и не мог ничего поделать со сметливым крестьянином.

Решение задачи № 42

Вынимая жребий, осужденный поступил так: он вынул одну бумажку из ящика и, никому не показывая, разорвал ее. Судьи, желая установить, что было написано на уничтоженной бумажке, должны были извлечь из ящика оставшуюся бумажку: на ней была надпись «*Смерть*». Следовательно, — рассуждали судьи, — на разорванной бумажке была надпись «*Жизнь*» (они ведь ничего не знали о заговоре).

Готовя невинно осужденному верную гибель, враги обеспечили ему спасение.

Решение задачи № 43

Приговор был таков: учителю в иске отказать, но предоставить ему право вторично возбудить дело на новом основании — именно на том, что ученик выиграл свою первую тяжбу. Эта *вторая* тяжба должна быть решена уже бесспорно в пользу учителя.

Решение задачи № 44

Солдаты сели… друг к другу на колени! Выстроились по кругу, и каждый сел на колени своего соседа. Вы думаете, что последнему солдату пришлось все-таки сидеть на болоте? Ничуть: при круговом расположении вовсе и нет этого «последнего» солдата: каждый опирается на колени своего соседа, и кольцо сидящих замыкается.

Если это представляется вам сомнительным, попробуйте с несколькими десятками товарищей устроить такое кольцо сидящих. Вы сможете на деле убедиться, что изобретательный солдат нашел действительный, а не кажущийся выход из положения.

Решение задачи № 45

Пришлось сделать 6 следующих поездок:

1-я *поездка*. Оба мальчика подъезжают к противоположному берегу, и один из них привозит лодку к разведчикам (другой остается на том берегу).

2-я *поездка*. Мальчик, привезший лодку, остается на этом берегу, а в челнок садится первый солдат, который и переправляется на противоположный берег. Челнок возвращается с другим мальчиком.

3-я *поездка.* Оба мальчика переправляются через реку, и один из них возвращается с челноком.

4-я *поездка.* Второй солдат переправляется на противоположный берег. Челнок возвращается с мальчиком.

5-я *поездка* — повторение 3-й.

6-я *поездка.* Третий солдат переправляется на противоположный берег. Челнок возвращается с мальчиком, и дети продолжают свое прерванное катание по реке.

Теперь все три солдата находятся на другом берегу.

Решение задачи № 46

Нелепый результат, который мы получили, исчисляя своих предков, объясняется тем, что нами упущено из виду одно весьма простое обстоятельство. Мы не приняли в расчет, что наши отдаленные предки могут быть в кровном родстве между собой и, следовательно, иметь общих предков. Мой отец и моя мать, может, уже в 5-м или 6-м поколении назад имели общего деда, который, возможно, был и вашим предком, читатель. Это соображение разбивает все наши расчеты и уменьшает несметные полчища наших отдаленных предков до весьма скромной цифры, при которой не может быть речи о тесноте.

Решение задачи № 47

Младший брат, пойдя назад по движению, увидел идущий навстречу вагон и вскочил в него. Когда этот вагон дошел до места, где ожидал старший брат, последний вскочил в него. Немного спустя тот же вагон догнал шедшего впереди среднего брата и принял его. Все три брата очутились в одном и том же вагоне — и, конечно, приехали домой одновременно.

Однако благоразумнее всего поступил старший брат: спокойно ожидая на одном месте, он устал меньше других.

Решение задачи № 48

Исчезнувший гость — это *второй* гость, который был незаметно пропущен при распределении стульев: после 1-го и 11-го гостя мы сразу перешли к 3-му и следующим, миновав 2-го. Оттого-то нам и удалось разместить 11 гостей на 10 стульях, по одному человеку на каждом.

Решение задачи № 49

Задача сводится, в сущности, к тому, чтобы разделить 10 килограммов масла на две равные по весу части. Положите на каждую чашку по бумажному листу и накладывайте на них масло до тех пор, пока 10 килограммов не распределятся поровну между ними. Ясно, что теперь на каждой чашке ровно 5 килограммов, — если только весы правильны.

Решение задачи № 50

И на неверных весах можно достичь того же, но более сложным путем. Сначала надо разделить десять килограммов масла на две части так, чтобы они были *приблизительно* (на глаз) равны. Затем берут одну из этих частей, кладут на чашку весов, — на другую же чашку накладывают камешков или чего угодно до тех пор, пока чашки не будут уравновешены. Тогда снимают с чашки первую часть масла и вместо нее кладут вторую. Если окажется при этом, что чашки весов остаются на прежнем месте, то, значит, обе части масла равны, *так как заменяют одна другую по весу*. В таком случае, разумеется, каждая из них весит ровно 5 килограммов.

Если же чашки не будут на одном уровне, то надо от одного куска переложить немного масла на другой и повторять это до тех пор, пока обе порции не будут вполне заменять друг друга *на одной и той же чашке* весов.

Подобным же образом можно поступать на неверных пружинных весах: перекладывать масло из одного пакета в другой до тех пор, пока оба пакета не будут оттягивать указатель весов до одной и той же черты (хотя бы эта черта и не стояла против 5 килограммов).

ГЛАВА ШЕСТАЯ

ИСКУСНОЕ РАЗРЕЗАНИЕ И СШИВАНИЕ

Семь раз отмерь, а раз отрежь.

Задача № 51

Флаг морских разбойников

Вы видите здесь флаг морских разбойников. Двенадцать продольных полос на нем обозначают, что в плену у пиратов находятся 12 человек. Когда удается захватить новых пленных, пираты подшивают к флагу соответствующее число новых полос. Напротив, при утрате каждого пленного они сбавляют одну полосу.

Рис. 41.

На этот раз пираты потеряли двух пленных и, следовательно, должны перешить флаг так, чтобы полос было не 12, а 10.

Можете ли вы указать простой способ разрезать флаг на две такие части, чтобы после сшивания их получился флаг с 10 полосами? При этом не должно пропасть ни клочка материи и флаг должен сохранить прямоугольную форму.

Задача № 52

Красный крест

У сестры милосердия имелся квадратный кусок красной материи, из которого нужно было сшить крест. Она хотела так перешить квадрат, чтобы ни один кусок красной материи не пропал. После долгих поисков ей удалось разрезать квадрат всего на 4 куска, из которых она и сшила крест. В нем было всего два шва, каждый в виде прямой линии.

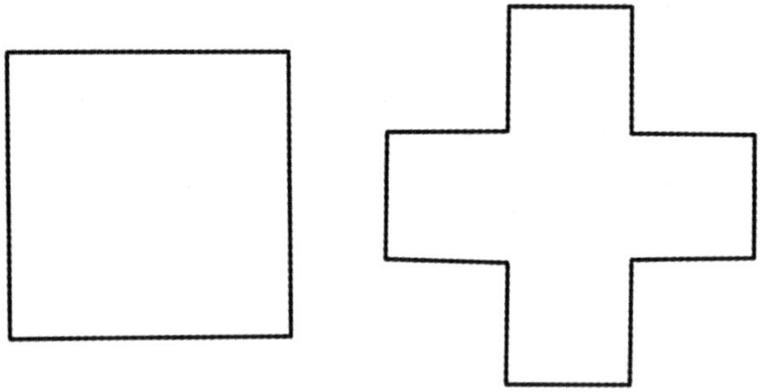

Рис. 42.

Попробуйте сделать то же самое из квадратного куска бумаги.

Задача № 53

Из лоскутков

У другой сестры милосердия были такие обрезки красной материи, какие изображены на рисунке 43-м.

Сестра ухитрилась, не разрезав этих лоскутьев, сшить из них крест. Как?

Рис. 43.

Задача № 54

Два креста из одного

У третьей сестры милосердия имелся готовый красный крест из материи; но крест был чересчур велик, и она вырезала из него другой, поменьше, так, что новый был весь из одного куска материи.

Рис. 44.

Когда крест был вырезан, сестра, собирая обрезки — их оказалось всего 4, — заметила, что из них можно, не разрезая ни одного лоскутка, прямо сшить еще один крест, и притом точно такой же величины.

Таким образом, вместо одного креста у нее оказалось два поменьше, одинаковой величины: один цельный, другой составной.

Можете ли вы указать, как сестра это сделала?

Задача № 55

Лунный серп

Эту фигуру лунного серпа требуется разделить на 6 частей, проведя всего только 2 прямые линии.

Как это сделать?

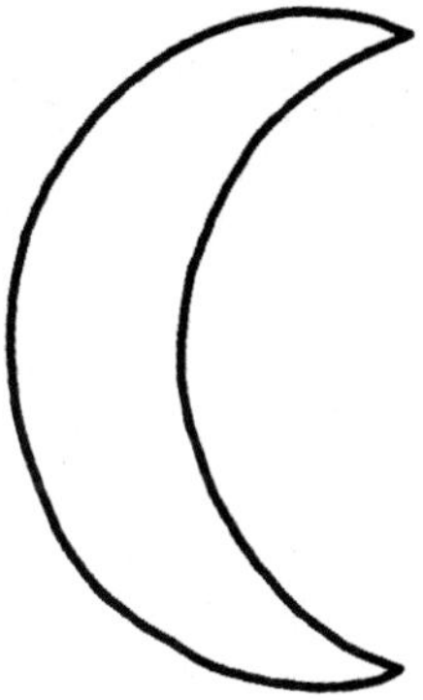

Рис. 45.

Задача № 56

Деление запятой

Вы видите здесь широкую запятую (рис. 46).

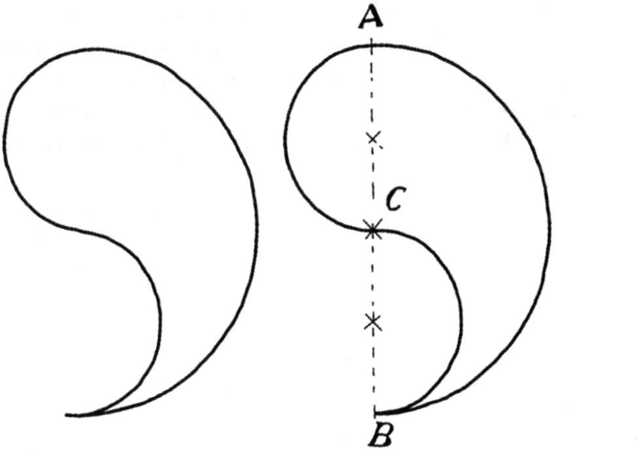

Рис. 46.

Она построена очень просто: на прямой *AB* описан полукруг, и затем на каждой половине линии *AB* описаны полукруги — один вправо, другой влево.

Задача состоит в том, чтобы разрезать эту фигуру одной кривой линией на две совершенно одинаковые части.

Фигура эта интересна еще и тем, что из двух таких фигур можно составить круг. Как?

Задача № 57

Развернуть куб

Если вы разрежете картонный куб вдоль ребер так, чтобы его можно было разогнуть и положить всеми 6 квадратами на стол, то получите фигуру вроде трех следующих:

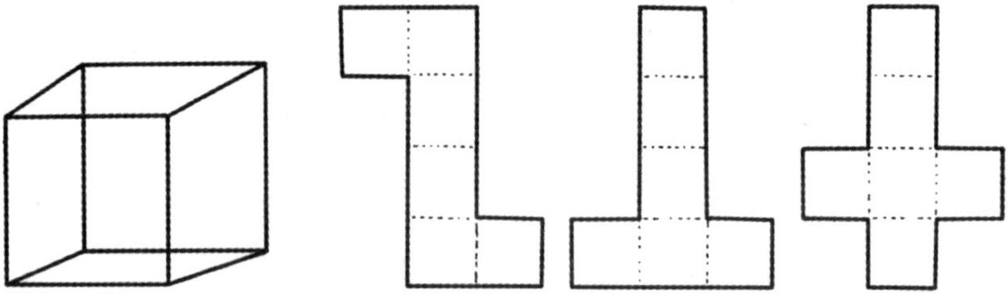

Рис. 47.

Любопытно сосчитать: сколько *различных* фигур можно получить таким путем? Другими словами: сколькими способами можно развернуть куб на плоскости?

Предупреждаю нетерпеливого читателя, что различных фигур не менее десяти.

Задача № 58

Составить квадрат

Можете ли вы составить квадрат из 5 кусков бумаги такой формы (рис. 48)?

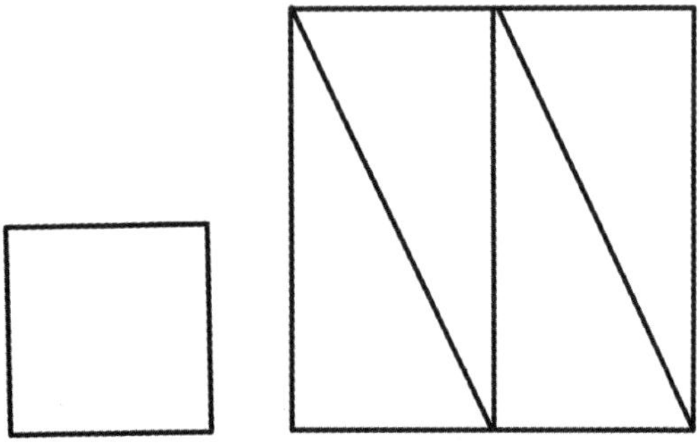

Рис. 48.

Если вы догадались, как решить эту задачу, попробуйте составить квадрат из пяти одинаковых треугольников такой же формы, как те, с которыми вы сейчас имели дело (один катет вдвое длиннее другого). Вы можете разрезать один треугольник на две части, но остальные 4 должны идти в дело неразрезанными.

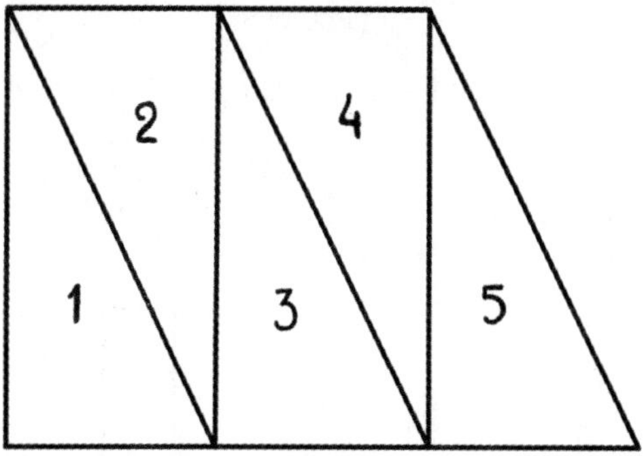

Рис. 49.

Задача № 59

Четыре колодца

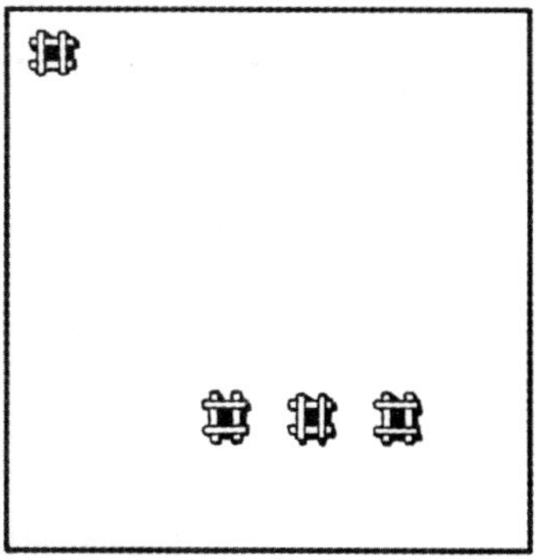

Рис. 50.

На квадратном участке земли имеются четыре колодца: три рядом, близ края участка, и один в углу.

Участок перешел к четырем арендаторам, которые и решили разделить его между собой, но так, чтобы у всех были участки совершенно одинаковой формы и чтобы на каждом из них находился колодец.

Можно ли это сделать?

Задача № 60

Куда девался квадратик?

В заключение наших занятий с разрезанием фигур покажу читателю интересный пример разрезания, при котором неизвестно куда исчезает кусочек фигуры.

На клетчатой бумаге вычерчиваю квадрат, заключающий в себе 64 маленьких квадратика. Затем провожу косую линию слева направо, начиная с той точки, где вверху сходятся первый и второй квадратики, и кончая правым нижним углом большого квадрата. Противоположный конец этой косой линии разрежет пополам последний квадратик справа, и в нем образуются два треугольничка. Нижний треугольничек обозначим буквой *C*. Всю левую часть чертежа обозначим буквой *A*, а правую — буквой *B*. Теперь разрезаю чертеж по косой линии и двигаю правую часть косо вверх по разрезу так, чтобы эта часть поднялась на один ряд квадратиков. Вверху окажется при этом маленький пустой треугольничек, а внизу направо будет выдаваться треугольничек *C*. Беру ножницы, отрезаю выступающий маленький треугольничек *C* и помещаю его вверху — там, где остался незанятый треугольник.

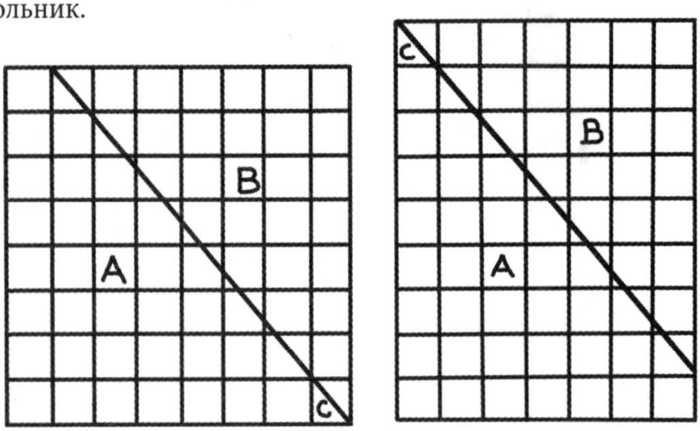

Рис. 51.

Он приходится сюда как раз впору.

Теперь у нас получается прямоугольник, имеющий 7 квадратиков в высоту и 9 квадратиков в ширину. Но $7 \cdot 9 = 63$. Значит, наш прямоугольник заключает теперь всего 63 квадратика, между тем как прежде их было 64.

Куда же девался один квадратик?

РЕШЕНИЯ ЗАДАЧ №№ 51—60

Решение задачи № 51

Рис. 52.

Нужно разрезать флаг по ступенчатой линии, обозначенной здесь на рисунке.

Теперь остается только передвинуть нижнюю часть флага вверх на одну ступеньку и сшить. Получится флаг уже не с 12 полосами, а с 10-ю. Он стал более продолговатым, но ни одного клочка материи не убавилось.

Решение задачи № 52

Сестра разрезала квадратный кусок материи на 4 части следующим образом (пунктиром показано, как она намечала линии разреза: от вершин квадрата к середине сторон).

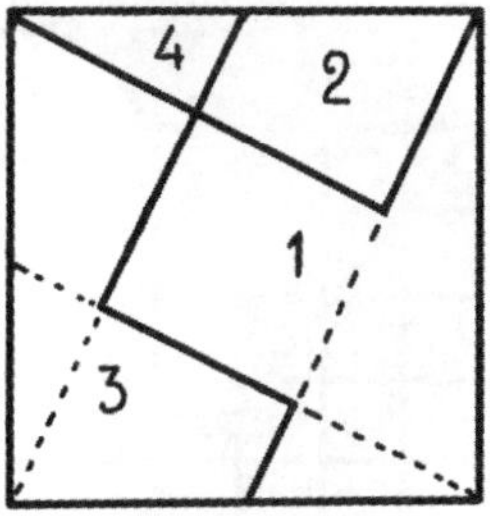

Рис. 53.

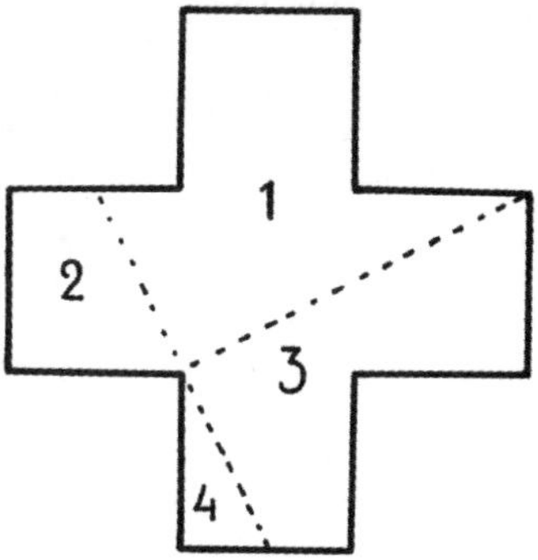

Рис. 54.

Из этих 4 кусков сестра сшила крест (рисунок 54). Как видите, в нем всего два шва.

Решение задачи № 53

Вот как сестра сшила крест из обрезков:

Решение задачи № 54

Способ, каким сестра вырезала малый крест из большого и составила еще один крест из обрезков, показан здесь на чертежах:

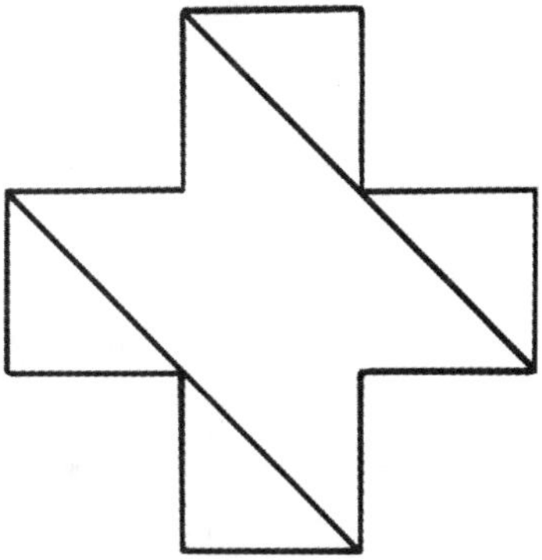

Рис. 55.

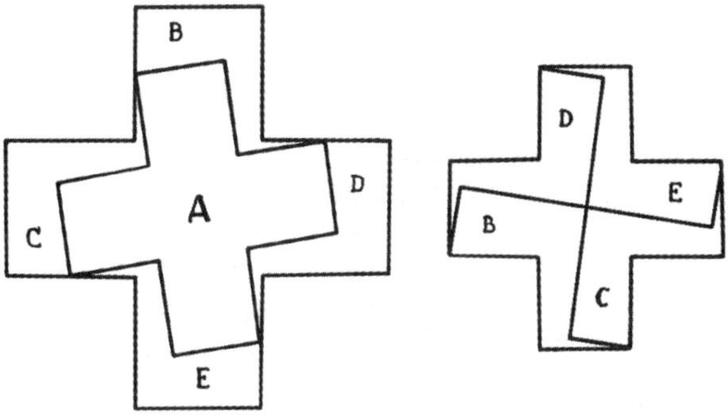

Рис. 56.

Решение задачи № 55

Сделать надо так, как показано на прилагаемом чертеже. Получаются 6 частей, которые для наглядности перенумерованы.

Рис. 57.

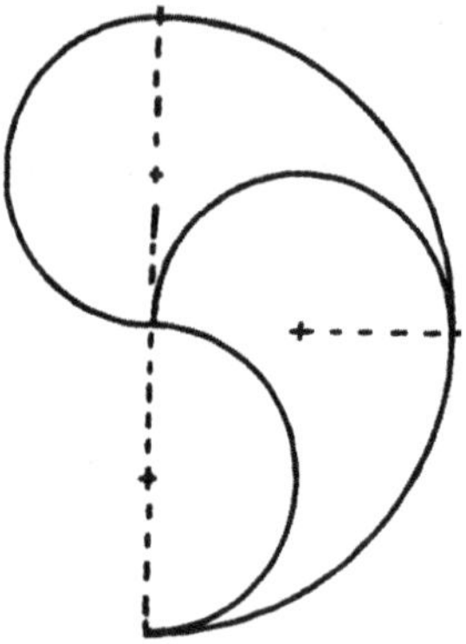

Рис. 58.

Рис. 59.

Решение задачи № 56

Решение видно из прилагаемого чертежа 58-го. Обе части разделенной «запятой» равны между собой, потому что составлены из одинаковых частей.

Рисунок 59-й показывает, как составить круг из двух «запятых» — белой и черной.

Решение задачи № 57

Вот все различные развертки куба. Их 10:

Рис. 60.

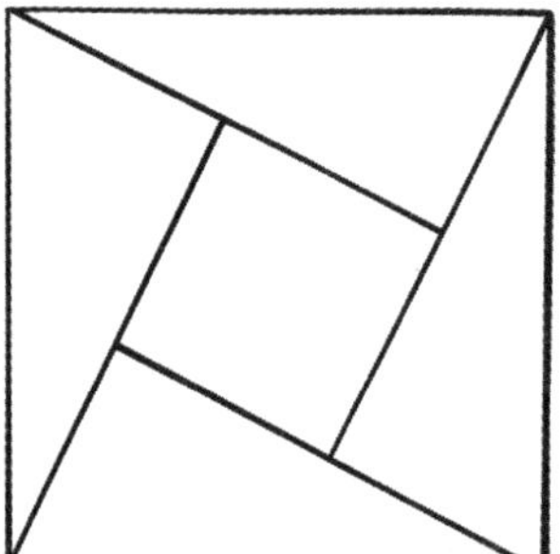

Рис. 61.

Фигуры 1-ю и 5-ю можно повернуть; это прибавляет еще две развертки, и тогда общее число их будет не 10, а 12.

Решение задачи № 58

Решение первой задачи видно из чертежа 61-го.

А вот как составляется квадрат из 5 треугольников (рис. 62). Один предварительно разрезают, как показано на чертеже 62-м внизу.

Решение задачи № 59

Способ размежевания земли между 4-мя арендаторами обозначен сплошными линиями на чертеже:

Участки получаются довольно причудливой формы, — но зато у всех четырех арендаторов они совершенно одинаковы, и у каждого есть колодец.

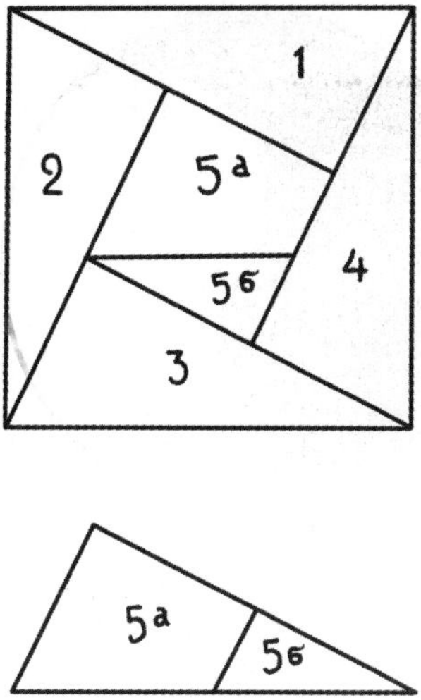

Рис. 62.

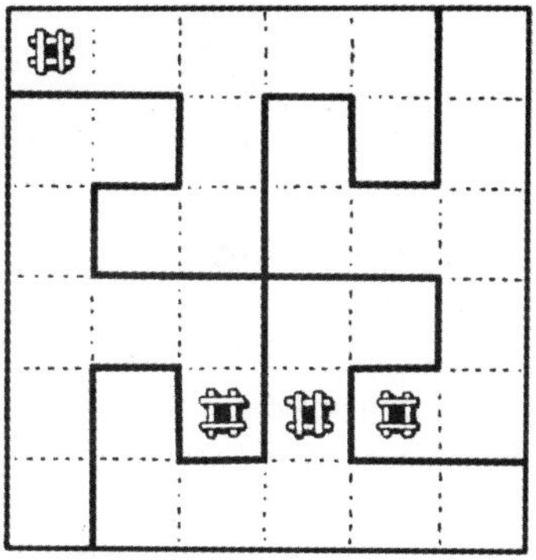

Рис. 63.

Решение задачи № 60

Секрет непонятного исчезновения 64-го квадратика открывается сразу, если тщательнее исполнить чертеж.

Вглядитесь пристально в приложенный здесь чертеж: вы заметите, что прямоугольник вовсе не составлен из 64 квадратов, как кажется при неотчетливо исполненном чертеже. Те «квадраты», которые расположены вдоль косой линии разреза, совсем не квадраты: каждая из этих фигур по площади немного более соответствующего квадратика, и из суммы этих избытков слагается недостающая площадь будто бы исчезнувшего квадратика.

Подтасовка выступит яснее, если разграфить фигуру не на 64 квадратика, а всего на 4 · 4 = 16 квадратиков. Наоборот, чем на большее число частей разграфлена фигура, тем труднее уловить ошибку.

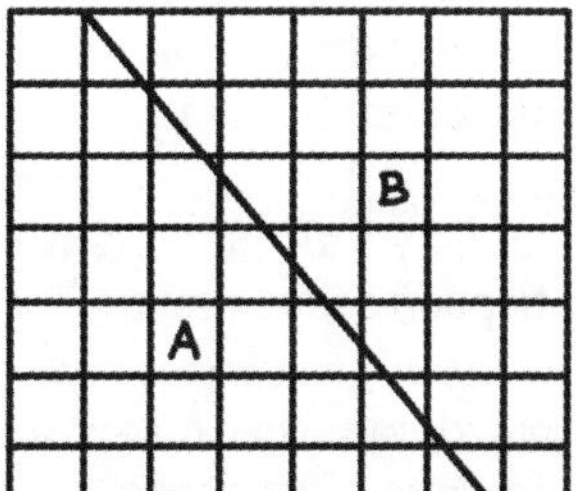

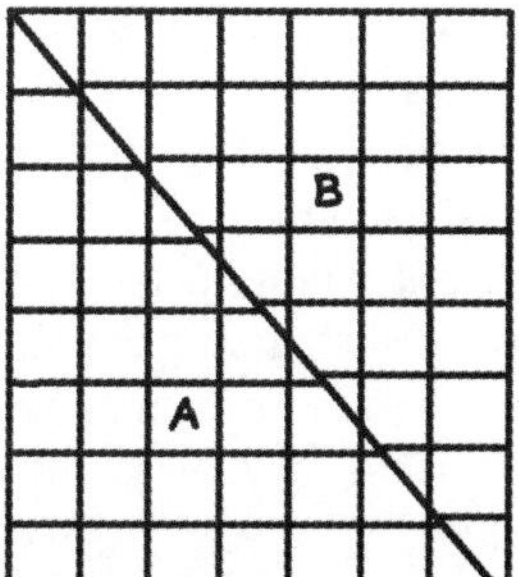

Рис. 64.

ГЛАВА СЕДЬМАЯ

ДЕСЯТЬ ЗАМЫСЛОВАТЫХ ЗАДАЧ

Задача № 61

Дешевый сторож

Арендатору большого фруктового сада понадобилось на целые сутки отлучиться как раз в ту пору, когда яблоки поспели и представляли наибольший соблазн для любителей полакомиться на чужой счет. Необходимо было нанять на эти сутки сторожа. Скупой арендатор долго выбирал сторожа подешевле, пока не напал на такого, который вовсе не просил денег, а довольствовался уплатой яблоками. Это понравилось арендатору.

— Понадобится сторожить целые сутки без смены и перерыва, никуда не отлучаясь. Поспать успеете потом, когда отдежурите.

— Хорошо, буду без смены. Но платить вам придется не ровно: за каждый следующий час вдвое против предыдущего.

— Это бы можно; но сколько же вы хотите за первый час?

— Уж чего меньше: одно яблоко за первый час дадите, и достаточно. За второй — два яблока положите, и довольно. За третий — четыре, и хватит. За четвертый…

— Ладно, — поспешил согласиться арендатор. «Если этот чудак так же честен, как нерасчетлив, то я, кажется, сделал выгодное дело: за несколько десятков яблок достал сторожа на целые сутки», — подумал он, уходя.

Сторож был нанят, и арендатор спокойно уехал, радуясь тому, что на свете есть люди, не умеющие считать.

Когда спустя сутки арендатор возвратился к своему саду, он увидел у ворот телегу, на которую его сторож ссыпал один мешок яблок за другим.

— Это что такое! — накинулся на него арендатор. — Я нанимал вас сторожить, а не грабить. Куда увозите мои яблоки?

— Были ваши, теперь мои, — спокойно ответил сторож. — Забыли, небось, уговор?

— Уговор? Да разве по нашему уговору вам за одни сутки следует яблок целый воз? Считать не умеете…

— И не один воз следует. Сами считать не умеете.

— Не один воз! Что за вздор! Уж не все ли яблоки моего сада?

— Не только вашего. Во всем городе не закупите яблок, чтобы со мной расплатиться. Возов тысячи три понадобится, не меньше.

— Три тысячи возов яблок? За одни сутки? Ничего не понимаю…

А вы, читатель, понимаете? Кто из них считать не умел: сторож или арендатор? А может быть, ни тот, ни другой?

Задача № 62

Крестьянка и паровоз

Железнодорожный машинист задолжал крестьянке за молоко и уклонялся от платежа. Молочница долго ждала и наконец придумала, что делать.

Однажды, когда пары были уже разведены и поезд должен был тронуться, она стала у паровоза и заявила машинисту:

— Отдавай сейчас долг, иначе не пущу поезда!

Машинист, разумеется, только усмехнулся, услыхав такую угрозу.

Но женщина не шутя намеревалась остановить поезд.

И что же? Машинист пустил в ход машину, но паровоз ни с места. Машина работает, а поезд стоит, словно заколдованный.

— Отдай деньги — пущу поезд! — с торжеством объявила крестьянка.

Пришлось машинисту заплатить долг полностью; тогда только поезд тронулся.

В чем же состояло «колдовство» молочницы и как оно было ею снято?

Задача № 63

Путешествие шмеля

Шмель отправляется в дальнее путешествие. Из родного гнезда он летит прямо на юг, пересекает речку и, наконец, после целого часа пути спускается на косогор, покрытый душистым клевером. Здесь, перелетая с цветка на цветок, шмель остается полчаса.

Теперь надо посетить сад, где шмель вчера заметил цветущие кусты крыжовника. Сад лежит на запад от косогора, и шмель спешит прямо туда. Спустя ¾ часа он был уже в саду. Крыжовник в полном цвету, и, чтобы посетить все кусты, понадобилось шмелю полтора часа.

А затем, не отвлекаясь в стороны, шмель кратчайшей дорогой полетел домой, в родное гнездо.

Сколько времени шмель пробыл в отсутствии?

Задача № 64

Ящик

Рис. 65.

У меня есть ящичек, и я могу вам сказать, что крышка его заключает 120 квадратных дюймов, передняя стенка — 96 кв. дюймов и боковая — 80 кв. дюймов.

Можете ли вы определить, каковы размеры моего ящичка, т. е. сколько он имеет в длину, ширину и высоту?

Задача № 65

Две цепи

Найдены два обрывка железной цепи, составленные из одинаковых звеньев. Один обрывок, будучи растянут, занимает в длину 36 сантиметров, другой — 22 сантиметра. Толщина кольца — полсантиметра. В длинной цепи на 6 звеньев больше, чем в короткой.

Сколько звеньев в каждом обрывке?

Задача № 66

Мешки с мукой

Мельнику надо было взвесить 5 мешков с мукой. У него были весы, но не хватало некоторых гирь, и невозможно было отвесить груз меньше чем 100 килограммов. Мешки же весили около 60 килограммов каждый.

Мельник не растерялся и стал взвешивать мешки по два, парами. Из 5 мешков можно составить 10 различных пар; поэтому пришлось сделать 10 взвешиваний. Получился ряд чисел, который приведен здесь в возрастающем порядке:

110 кг, 112 кг, 113 кг, 114 кг, 115 кг,
116 кг, 117 кг, 118 кг, 120 кг и 121 кг.

Но сколько же весит каждый мешок в отдельности? Как это узнать?

Мельник справился с этой задачей довольно быстро.

Вероятно, и вы догадаетесь, как она решается.

Задача № 67

Три дочери и два сына

Дядя приехал навестить своих двух племянников и трех племянниц, которых не видал уже давно.

Первыми вышли к нему маленький Володя с сестренкой Женей, и мальчуган гордо объявил дяде, что он в два раза старше своей сестры.

Затем выбежала Надя, и вошедший с нею папа сказал гостю, что обе девочки вместе вдвое старше мальчика.

Когда пришел из школы Алеша, папа объявил, что оба мальчика вместе вдвое старше обеих девочек вместе.

Позднее всех пришла Лида и, увидя гостя, радостно воскликнула:

— Дядя, вы приехали как раз в день моего рождения! Мне сегодня исполнился 21 год!

— И знаете еще что, — прибавил отец, — я сейчас сообразил, что мои три дочери вместе вдвое старше обоих моих сыновей.

Сколько же лет было каждому сыну и каждой дочери?

Задача № 68

Две свечи

Внезапно погас электрический свет во всей квартире — испортились провода. Чтобы не прерывать работы, я зажег две свечи, стоявшие на всякий случай на моем письменном столе, и при их свете занимался до тех пор, пока проводка не была приведена в исправность.

Спустя день мне понадобилось узнать, на сколько именно времени было прервано электрическое освещение. Я забыл отметить по часам момент прекращения тока и момент его возобновления. Не помнил я и длины свеч. Знаю только, что одна свеча была потолще, — из тех, что сгорают целиком в 5 часов; другая была потоньше и могла бы сгореть в 4 часа. Ищу огарки — и не нахожу: домашнее выбросили их.

— Какой же они были длины? — спрашиваю у них.

— Один был совсем маленький, а другой побольше.

— Во сколько же раз больше? Вдвое?.. Не помните ли этого? — допытывался я.

— Ровно в четыре раза, — получил я ответ.

Итак, я узнал только то, что один огарок был в 4 раза длиннее другого. Возможно ли на этом основании определить, сколько времени горели свечи?

Задача № 69

Девятьсот поклонов

В одной школе обучалось вдвое больше девочек, чем мальчиков. Заведующий ввел обычай, чтобы ежедневно поутру каждый мальчик делал поклон заведующему, каждому из своих товарищей-мальчиков и каждой девочке; каждая девочка тоже должна была делать поклон заведующему, каждой подруге и каждому мальчику.

Этот церемонный обычай строго соблюдался, и потому ежедневно утром можно было насчитать 900 поклонов.

Сколько было в школе мальчиков и девочек?

Задача № 70

Наследство раджи

Некий раджа, умирая, оставил свои брильянты сыновьям. Завещание было составлено так: старший сын получает 1 брильянт и седьмую долю всех остальных; второй сын получает 2 брильянта и седьмую долю всех остальных; третий сын получает 3 брильянта и седьмую долю всех остальных; четвертый — 4 брильянта и седьмую долю остальных. И т. д. Таким образом наследство было разделено между сыновьями без остатка.

Сколько сыновей было у раджи и сколько он оставил брильянтов?

РЕШЕНИЯ ЗАДАЧ №№ 61—70

Решение задачи № 61

Сторож рассчитал совершенно правильно: ему действительно следовало даже более трех тысяч возов яблок, — как это ни невероятно.

В самом деле. Проследим, как возрастало вознаграждение сторожа с каждым часом.

За 1-й час сторожу следовало 1 яблоко, за 2-й час — 2 яблока, за 3-й — 4 яблока, за 4-й — 8, за 5-й — 16, за 6-й — 32, за 7-й — 64, за 8-й — 128, за 9-й — 256, за 10-й — 512.

Пока еще вознаграждение как будто не грозит арендатору разорением: за первые 10 часов сторожу причиталось всего около полутысячи яблок.

Но будем продолжать исчисление.

За 11-й час сторожу следовало 1024 яблока, за 12-й — 2048, за 13-й — 4096, за 14-й — 8192, за 15-й — 10 384.

Число яблок накопляется внушительное, но все же это далеко от трех тысяч возов.

Дальше. За 16-й час уже следовало 32 768 яблок.

За 17-й час следовало 65 536 яблок.
За 18-й » » 131 072 »
За 19-й » » 262 144 »
За 20-й » » 524 288 »

Арендатор уже должен сторожу свыше полумиллиона яблок. Но сутки не кончены — остается еще 4 часа.

За 21-й час надо было уплатить 1 048 576 яблок.
За 22-й » » » » 2 097 152 »
За 23-й » » » » 4 194 304 »
За 24-й » » » » 8 388 608 »

Теперь остается сложить все эти числа от 1 до 8 388 608. Составится 16 777 215 яблок. Итак, сторожу за одни сутки следовало согласно уговору *почти 17 миллионов яблок*! Чтобы только пересчитать такое число яблок по одному в секунду, понадобилось бы *полгода непрерывного счета*! Полагая по 10 яблок на килограмм, получаем, что все причитающиеся сторожу яблоки должны были весить 1 677 721 килограммов, или 1677 тонн.

Это составило бы вагонов 80, груженных яблоками, или — считая по полтонны на воз — свыше 3000 возов.

Не правда ли, можно было найти сторожа и подешевле?

Решение задачи № 62

Крестьянка остановила поезд тем, что смазала маслом рельсы впереди паровоза. По скользким рельсам не могут катиться колеса паровоза; они вертятся на одном месте, но не катятся вперед, так как нет трения, благодаря которому колеса словно цепляются за рельсы. Вспомните, как трудно ходить по гладкому льду: ноги скользят, не находя опоры, и мы не можем сдвинуться с места. По той же причине не может сдвинуться и паровоз на скользких рельсах.

Когда же машинист уплатил долг, крестьянка «сняла колдовство», посыпав смазанные рельсы песком.

История эта, конечно, могла произойти только в давнее время; на современных паровозах имеются особые песочницы, из которых машинист с помощью особого приспособления высыпает песок на рельсы, когда они становятся скользкими, например, от дождя.

Решение задачи № 63

Задача решалась бы очень просто, если бы было сказано, сколько времени понадобилось шмелю на перелет из сада в родное гнездо. Этого в задаче не сказано, — но геометрия поможет нам самим узнать это.

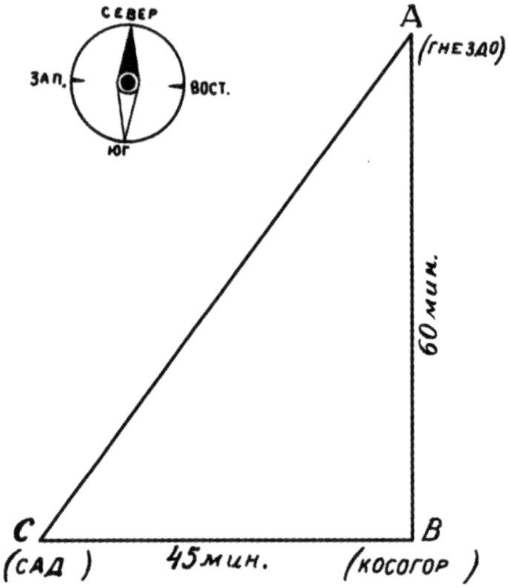

Рис. 66.

Начертим путь шмеля. Мы знаем, что шмель летел сначала «прямо на юг» в течение 60-ти минут. Затем он летел 45 минут «на запад», т. е. под прямым углом к прежнему пути. Оттуда «кратчайшей дорогой», т. е. по прямой линии, — обратно к гнезду. У нас получился прямоугольный треугольник *ABC*, в котором известны оба «катета», *AB* и *BC*, и надо определить третью сторону, — «гипотенузу» *AC*.

Геометрия учит, что если какая-нибудь величина содержится в одном катете 3 раза, а в другом — 4 раза, то в третьей стороне — гипотенузе — та же величина должна содержаться ровно пять раз.

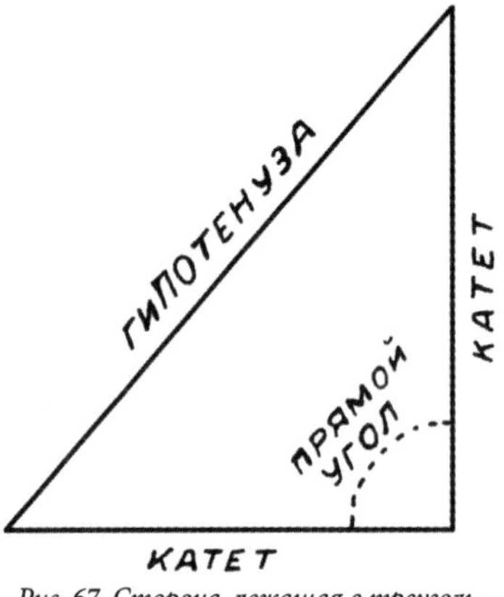

Рис. 67. Сторона, лежащая в треугольнике против прямого угла, называется гипотенузой, а остальные две стороны — катетами.

Например, если катеты треугольника равны 3 и 4 метрам, то гипотенуза = 5 м; если катеты 9 и 12 километров, то третья сторона = 15 км, и т. п. В нашем случае один катет 3 · 15 минут пути, другой — 4 · 15 минут пути; значит, гипотенуза *AC* = 5 · 15 минут пути. Итак, мы узнали, что из сада к гнезду шмель летел 75 минут, т. е. 1¼ часа.

Теперь легко уже подсчитать, сколько времени пробыл шмель в отсутствии. На перелеты он употребил времени:

1 час + ¾ часа + 1¼ часа = 3 часа.

На остановки у него ушло времени:

½ часа + 1½ часа = 2 часа.

Итого: 3 часа + 2 часа = 5 часов.

Решение задачи № 64

Поверхность крышки равна произведению длины ящика на его ширину; поверхность боковой стенки = высоте · ширину; поверхность передней стенки = высоте · длину. Следовательно мы знаем, что

$$\text{длина} \cdot \text{ширину} = 120;$$
$$\text{высота} \cdot \text{ширину} = 80;$$
$$\text{высота} \cdot \text{длину} = 96.$$

Перемножим первые два равенства. Получим:

$$\text{длина} \cdot \text{высоту} \cdot \text{ширину} \cdot \text{ширину} = 120 \cdot 80.$$

Разделим это новое равенство на 3-е:

$$\frac{\text{длина} \cdot \text{высоту} \cdot \text{ширину} \cdot \text{ширину}}{\text{длина} \cdot \text{высоту}} = \frac{120 \cdot 80}{96}.$$

Сократив дробь и произведя действия, имеем:

$$\text{ширина} \cdot \text{ширину} = 100.$$

И, следовательно, ширина ящика = 10 см.

Зная это, легко определить, что высота ящика =

$$\frac{80}{10} = 8 \text{ см, а длина } = \frac{96}{8} = 12 \text{ см.}$$

Решение задачи № 65

Вы не решите этой простой задачи, если не уясните себе сначала, из чего составляется длина цепи. Всмотритесь в чертеж:

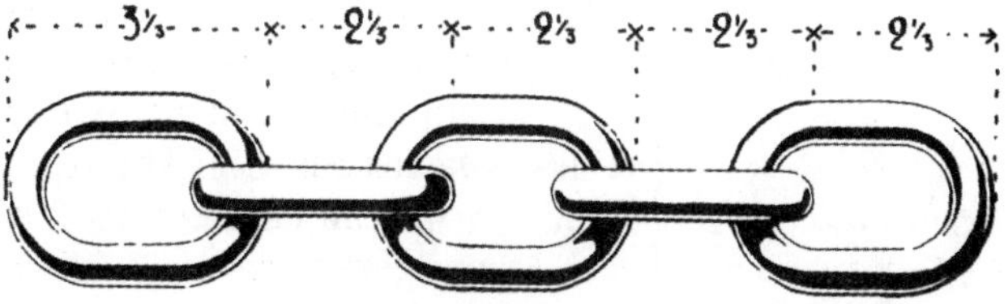

Рис. 68.

Вы видите, что длина натянутой цепи составляется из полной ширины первого звена, к которой с присоединением каждого нового звена прибавляется не полная ширина звена, а *ширина без двойной толщины* звена.

Теперь перейдем к нашей задаче.

Мы знаем, что одна цепь длиннее другой на 14 сантиметров и имеет на 6 звеньев больше ее. Разделив 14 на 6, мы получаем 2⅓. Это и есть ширина одного звена, уменьшенная на двойную его толщину. Так как толщина кольца известна — полсантиметра, — то, следовательно, полная ширина каждого звена = 2⅓ + ½ + ½ = 3⅓ сантиметра.

Теперь легко определить, из скольких звеньев состояла каждая цепь. Из чертежа видно, что если мы отнимем от 36-сантиметровой цепи двойную толщину первого звена, т. е. 1 сантиметр, и остальное разделим на 2⅓, то получим число звеньев в этой цепи:

$$35 : 2\tfrac{1}{3} = 15.$$

Точно так же узнаем число звеньев в 22-дюймовой цепи:

$$21 : 2\tfrac{1}{3} = 9.$$

Решение задачи № 66

Мельник начал с того, что сложил все 10 чисел. Полученная сумма, 1156 килограммов, — не что иное, как учетверенный вес мешков: ведь в нее вес каждого мешка входит 4 раза. Разделив на 4, узнаем, что все пять мешков вместе весят 289 килограммов.

Теперь для удобства обозначим мешки, в порядке их веса, номерами. Самый легкий мешок — это № 1, второй по тяжести — № 2 и т. д.; самый тяжелый мешок — № 5. Нетрудно сообразить, что в ряде чисел: 110 кг, 112 кг, 113 кг, 114 кг, 115 кг, 116 кг, 117 кг, 118 кг, 120 кг, 121 кг — первое число составилось из веса двух самых легких мешков № 1 и № 2; второе число — из веса № 1 и № 3. Последнее число составилось из веса двух самых тяжелых мешков № 4 и № 5, а предпоследнее — из № 3 и № 5. Итак:

№ 1 и № 2	вместе	весят	110 кг
№ 1 и № 3	»	»	112 »
№ 3 и № 5	»	»	120 »
№ 4 и № 5	»	»	121 »

Легко узнать, следовательно, сумму весов № 1, № 2, № 4 и № 5: она равна 110 кг + 121 кг = 231 кг. Вычтя это число из общей суммы веса всех мешков (289 кг), получаем вес мешка № 3, именно — 58 килограммов.

Дальше, из суммы веса мешков № 1 и № 3, т. е. из 112, вычитаем известный уже нам вес мешка № 3; получается вес мешка № 1:

$$112 \text{ кг} - 58 \text{ кг} = 54 \text{ кг}.$$

Точно так же узнаем вес мешка № 2, вычтя 54 кг из 110 кг, т. е. из суммы веса мешков № 1 и № 2. Получаем: вес мешка № 2 равен

$$110 \text{ кг} - 54 \text{ кг} = 56 \text{ кг}.$$

Из суммы весов мешков № 3 и № 5, т. е. из 120, вычитаем вес мешка № 3, который равен 58 кг; узнаем, что мешок № 5 весит

$$120 \text{ кг} - 58 \text{ кг} = 62 \text{ кг}.$$

Остается определить вес мешка № 4 из суммы № 4 и № 5, т. е. из 121 кг. Вычтя 62 из 121, узнаем, что мешок № 4 весит 59 кг.

Итак, вот вес мешков:

54 кг, 56 кг, 58 кг, 59 кг, 62 кг.

Решение задачи № 67

Мы знаем, что Володя вдвое старше Жени, а Надя и Женя вместе вдвое старше Володи. Значит, годы Нади и Жени вместе *вчетверо* больше, чем годы Жени. Отсюда прямо следует, что

Надя старше Жени в 3 раза.

Далее, мы знаем, что сумма лет Алеши и Володи вдвое больше суммы лет Нади и Жени. Но возраст Володи есть удвоенный возраст

Жени, а годы Нади и Жени вместе есть учетверенный возраст Жени. Следовательно, годы Алеши + удвоенный возраст Жени = 8-кратному возрасту Жени. То есть:

Алеша старше Жени в 6 раз.

Наконец, нам известно, что сумма возрастов Лиды, Нади и Жени равна сумме возрастов Володи и Алеши.

Имея перед глазами табличку:

Лиде — 21 год.
Надя — в 3 раза старше Жени,
Володя — в 2 раза старше Жени,
Алеша — в 6 раз старше Жени,

мы можем сказать, что 21 год + утроенный возраст Жени + возраст Жени = 4-кратному возрасту Жени + 12-кратному возрасту Жени.

Или: 21 год + 4-кратный возраст Жени = 16-кратному возрасту Жени.

Значит, 21 год = 12-кратному возрасту Жени и, следовательно, Жене 21 : 12 = 1¾ года.

Теперь уже легко определить, что Володе 3½ года, Наде — 5¼ года и Алеше — 10½ лет.

Решение задачи № 68

Для ясности нарисуем рядом две свечи — толстую, которая может сгореть в 5 часов, и тонкую, которая может сгореть в 4 часа. Заштрихуем те части обеих свечей, которые сгорели, огарки же оставим незаштрихованными. Легко сообразить, что длина сгоревшей части тонкой свечи должна составлять 5/4 длины сгоревшей части толстой свечи; другими словами, заштрихованный избыток тонкой свечи составляет по длине ¼ сгоревшей части толстой свечи. Но в то же время длина этого избытка = ¾ длины толстого огарка. Другими словами, мы узнали, что ¾ длины толстого огарка равны ¼ длины сгоревшей части толстой свечи. Значит, 4/4 его (т. е. весь огарок) составляет

$$\frac{1}{4} \cdot \frac{4}{3} = \frac{1}{3} \text{ толстой свечи.}$$

Итак, огарок толстой свечи составляет ⅓ сгоревшей части или ¼ всей длины свечи. Сгорело, следовательно, ¾ толстой свечи. А так как вся свеча могла сгореть в 5 часов, то ¾ ее горело в продолжение

$$\frac{5 \cdot 3}{4} = \frac{15}{4} = 3\tfrac{3}{4} \text{ часа.}$$

Ответ: свечи горели 3¾ часа.

Решение задачи № 69

Каждый ученик или ученица ежедневно раскланивались со всеми остальными школьниками и с заведующим. С самим собою, конечно, не раскланивались, зато делали поклон заведующему, так что каждый школьник и школьница делали ежедневно столько поклонов, сколько было детей в школе. Значит, все дети вместе делали ежедневно столько поклонов, сколько составится от умножения их общего числа самого на себя.

Итак, мы знаем, что 900 — это число детей, умноженное само на себя. Какое же число, умноженное на себя, составит 900? Очевидно, 30. А как как девочек было вдвое больше, чем мальчиков, то из 30 детей было 20 девочек и 10 мальчиков.

Проверим это. Девочки делают подругам $19 \cdot 20 = 380$ поклонов и мальчикам $20 \cdot 10 = 200$ поклонов. Мальчики мальчикам $9 \cdot 10 = 90$, девочкам $10 \cdot 20 = 200$. Итого $380 + 200 + 90 + 200 = 870$ поклонов. Присоединив еще 30 поклонов заведующему, имеем ровно 900.

Решение задачи № 70

Задачу надо решать с конца. Самый младший сын получил столько брильянтов, сколько было сыновей, и еще $1/7$ остальных; но так как остатка никакого не было, то младший сын получил столько брильянтов, сколько было всех сыновей. Далее: предыдущий сын получил брильянтов на один меньше, чем было сыновей, да еще $1/7$ остальных брильянтов. Значит, то, что получил самый младший, есть 6 седьмых долей этого «остального» (а все «остальное» есть 7 седьмых).

Отсюда вытекает, что *число брильянтов самого младшего сына должно делиться на 6 без остатка*. Попробуем допустить, что их было 6, и испытаем, подходит ли это число.

Если младший сын получил 6 брильянтов, то значит, он был шестой сын, и всех сыновей было 6. Пятый сын получил 5 брильянтов + $1/7$ от 7, т. е. $5 + 1 = 6$. Далее: 12 камней есть $6/7$ оставшегося после *четвертого* сына; полный остаток — 14 камней, и четвертый сын получил 4 + $1/7$ от $14 = 6$.

Вычисляем остаток после *третьего* сына: 18 есть $6/7$ этого остатка; значит, полный остаток — 21. На долю *третьего* сына досталось 3 + $1/7$ от $21 = 6$.

Точно так же узнаем, что на долю второго и первого сына досталось тоже по 6 камней.

Итак, у раджи было 36 брильянтов и 6 сыновей.

Мы испытали число 6 и нашли, что оно удовлетворяет условиям задачи. Испытав 12, 18 и 24, убедимся, что эти числа не годятся, а больше двух дюжин детей у раджи едва ли могло быть.

ГЛАВА ВОСЬМАЯ

ДЕСЯТЬ ЗАДАЧ О ЗЕМЛЕ И НЕБЕ

Задача № 71

Всюду юг!

Существует шуточный рассказ* об одном турке, который будто бы попал однажды в «самую восточную страну». Турок так описывает эту сказочную страну:

«И впереди восток и с боков восток. А запад? Вы, может быть, думаете, что он все-таки виден, как точка какая-нибудь, едва движущаяся вдали?.. Неправда! И сзади восток! Короче — везде и всюду нескончаемый восток!»

Такой страны, которая со всех сторон окружена востоком, конечно, быть не может. Но зато существует такое место на земном шаре, которое отовсюду окружено *югом*: во все стороны от этого места простирается «один нескончаемый юг».

Это кажется с первого взгляда невозможным, — а между тем стоит лишь немного подумать, чтобы понять, что такое необычайное место на земном шаре существует.

В этом удивительном месте развевается теперь английский флаг, и я уверен, что вы даже знаете имя человека, который водрузил его.

Где же находится это место?

Чтобы помочь вам догадаться, я прибавлю, что в этом месте вовсе не жарко, даже не тепло, хотя во все стороны оно прямо примыкает к югу.

Задача № 72

По телефону

Между Нью-Йорком и Сан-Франциско в Америке устроено телефонное сообщение, так что жители Нью-Йорка, на берегу Атлантического океана, могут переговариваться по телефону с жителями Сан-Франциско, на берегу Тихого океана.

* Козьмы Пруткова.

Конторы в Северной Америке открыты с 10 часов утра до 4-х часов дня. В течение скольких же часов ежедневно конторские служащие в Нью-Йорке и Сан-Франциско могут вести между собою деловые разговоры по телефону?

Задача № 73

Где начинаются дни недели?

В воскресенье гости засиделись за полночь. «Пора уходить, — объявил один, — завтра понедельник, и надо быть рано на службе».

— Завтра вторник, — с улыбкой поправил его хозяин.

— Что вы? Разве сегодня не воскресенье?

— Нет, уже понедельник: ведь сейчас пробило двенадцать часов!

— А, вот вы о чем! Ну, разумеется, раз полночь наступила, значит, теперь уже понедельник.

— Не везде, — вмешался другой гость, моряк. — Здесь у нас, в Москве, — понедельник, но в Ленинграде еще воскресенье: там сейчас половина двенадцатого*.

— Правильно, — согласился хозяин, — теперь понедельник только на восток от нас: в Нижнем, в Перми, в Красноярске…

— В Красноярске понедельник начался четыре часа назад, — пояснил моряк. — А в Петропавловске понедельник наступил уже восемь часов назад. Кстати, как вы думаете: где понедельник всего раньше наступил?

— В самом деле! — воскликнул хозяин. — А вот еще интересный вопрос: чем дальше на восток, тем понедельник наступает раньше. А между тем на запад от нас простирается еще воскресенье. Значит, должна же где-нибудь проходить граница между воскресеньем и понедельником: ведь Земля кругла. Где же эта граница?

— Там, где начинаются дни недели, — ответил моряк.

— Я не знаю, как решается эта задача, — заметила одна гостья, — но мне вспоминается интересный рассказ Эдгара По о «трех воскре-

* В годы написания этого текста в СССР действовало так называемое «поясное время», согласно которому разница во времени между Москвой и Ленинградом действительно составляла половину часа. В наши дни эти города, находящиеся в одной часовой зоне, живут по одному времени — московскому; в этой же зоне находится и Нижний Новгород. Разница между Москвой и Красноярском осталась той же — 4 часа (но уже на другом основании), в Перми понедельник наступает теперь на 2 часа раньше, а в Петропавловске-Камчатском — на 9 часов раньше Москвы.

Прочие рассуждения автора в этой задаче по-прежнему актуальны (прим. ред.).

сеньях на одной неделе». Два моряка вернулись из кругосветного плаванья и сошлись вместе. Один объехал земной шар с запада на восток, другой — с востока на запад; оба встретились в одном пункте в один и тот же день. Но каждый из двух путешественников называл этот день иначе. Тот, который объехал Землю с запада на восток, совершил лишний оборот вокруг земной оси; он лишний раз видел восход солнца, и потому в его счете дней оказалось одним больше, чем следует. Он убежден, что воскресенье было вчера, между тем как оно наступило только сегодня. Другой моряк, прибывший с востока и, следовательно, все время двигавшийся против вращения Земли, сделал вокруг земной оси одним оборотом меньше, чем успела за то же время сделать Земля; он видел восход солнца одним разом меньше, и в его счете дней одного не хватает: поэтому он убежден, что воскресенье будет только завтра, хотя оно наступило уже сегодня. Вот и получилось на одной неделе три воскресенья: вчера, сегодня и завтра…

— Это возможно только в фантастическом рассказе, — ответил гостье моряк. — У Жюля Верна, в романе «В 80 дней вокруг света», герой тоже сбился в счете дней и не подозревал, что приехал на целые сутки раньше. Впрочем, в старину подобные ошибки были возможны. Со спутниками Магеллана произошел именно такой случай: объехав кругом света, они привезли с собою в Португалию четверг вместо пятницы. Но в наши дни ничего подобного не может случиться.

— Почему же? — раздались голоса.

— Вам станет ясно это, если вы ответите сначала на вопрос: где начинается понедельник?

И в самом деле, читатель: где на земном шаре впервые начинаются дни недели? Где раньше всего происходит смена одного дня другим?

Задача № 74

Наперегонки с Землей

Может ли человек состязаться с земным шаром в его суточном движении вокруг оси? Может ли человек «перегнать Землю»* если не пешком, то, например, на быстро мчащемся автомобиле?

Заодно ответьте и на такие вопросы:

Может ли человек на Земле увидать солнце восходящим с запада? И прав ли был Кольцов, когда восклицал:

> Но, увы, не взойдет
> Солнце с запада!

* Точнее, не перегнать, а отстать от Земли, т. е. двигаться по ее поверхности в сторону, обратную ее движению, так быстро, чтобы продлить для себя продолжительность суток.

Задача № 75

Закат солнца

Посмотрите на изображенную здесь картинку — закат солнца — и скажите: правильно ли она нарисована?

В этом рисунке есть одна несообразность, которую вам и нужно открыть.

Рис. 69.

Задача № 76

Турецкий флаг

Вам, конечно, знаком турецкий флаг. На нем изображен серп молодого месяца, а между рогами лунного серпа — звезда*.

Замечаете ли вы, что в изображении турецкого флага есть крупная несообразность?

В чем она состоит?

Рис. 70.

Задача № 77

Задача не шутка

Где на земле легче всего живется?

Вопрос похож на загадку или на задачу-шутку вроде вопросов: «Почему птица летает?» (По чему? — По воздуху.) Но наш вопрос не совсем такого рода. Если хорошенько подумать, то на него можно дать разумный, вполне обоснованный ответ.

Какой?

Задача № 78

Закат луны

Вы видите на стр. 67 тропический ландшафт со странным изображением лунного серпа у горизонта. Правильно ли нарисована эта картинка? Нет ли здесь какой-нибудь несообразности?

* Современный флаг Турции выглядит иначе (прим. ред.).

Рис. 71. Правильно ли нарисована здесь луна?

Задача № 79

Броненосец

Броненосец водоизмещением в 20 000 тонн…

Но вы, быть может, не знаете, что такое «водоизмещение» и что такое «тонна»? Водоизмещением называют вес той воды, которую судно вытесняет, когда плавает. А так как плавающее тело, по закону плавания, вытесняет ровно столько воды, сколько оно весит, то «водоизмещение» прямо указывает вес самого судна. А что такое «тонна»? — Мера веса, 1000 килограммов. Когда вы читаете, что судно имеет «водоизмещение в 20 000 тонн», то это значит, что оно само (а также вода, вытесняемая им при плавании) весит 20 000 тонн.

Итак, броненосец водоизмещением в 20 000 тонн, стоявший раньше в Архангельске, прибыл в экваториальные воды. Известно, что с приближением к экватору все тела становятся легче; разница в весе на широте Архангельска и на экваторе равна $1/250$, т. е. гиря в 1 килограмм из Архангельска, перенесенная на экватор, будет весить меньше на 4 грамма.

Можете ли вы сказать, сколько тонн воды будет вытеснять наш броненосец в экваториальных водах?

Задача № 80

Пароход и пловец на Луне

На Луне все вещи весят в 6 раз меньше, чем на Земле, так как Луна в 6 раз слабее притягивает к себе тела, чем наш земной шар. Килограмм, перенесенный на Луну, весил бы там всего 160 граммов.

Вообразите, что на Луне существует озеро, и в нем пресная вода. На это озеро спущен пароход, который в земных пресноводных озерах сидит в воде на 3 метра. Как глубоко будет сидеть наш пароход в воде этого лунного озера?

Заодно решите еще задачу: где не умеющий плавать человек скорее может утонуть — в земном озере или в нашем воображаемом лунном?

РЕШЕНИЯ ЗАДАЧ №№ 71—80

Решение задачи № 71

Место на Земле, откуда во все стороны горизонта простирается юг — это… северный полюс! И действительно: ведь северный полюс есть самая северная точка земного шара, и все точки кругом него лежат уже южнее. Когда отважный полярный путешественник Пири в 1912 году водружал в этом пункте английский флаг, он со всех сторон был окружен югом: «везде и всюду нескончаемый юг».

Решение задачи № 72

Ответ: не 6 часов, а гораздо меньше, и вот почему. Между Нью-Йорком и Сан-Франциско разница во времени 3¼ часа*. Когда нью-йоркские банки открываются, — т. е. в 10 часов утра, — тогда в Сан-Франциско еще спят; там без четверти 7 часов утра. И только в четверть второго конторский служащий Нью-Йорка может позвать к телефону своего товарища в Сан-Франциско, где сейчас только открылись двери контор. В 4 часа нью-йоркские служащие уже покидают конторы, и жители Сан-Франциско не могут вызвать их по телефону, хотя в этом городе всего только без четверти час. Таким образом, конторы этих двух городов могут разговаривать между собою ежедневно по 2¾ часа, хотя открыты в течение 6 часов.

А если бы существовал телефон между Ленинградом и Петропавловском, то почти совсем невозможно было бы им пользоваться**! Между этими городами разница во времени — 10 часов, так что, когда ленинградцы бодрствуют, петропавловцы спят, и наоборот. Приходилось бы вставать по ночам, чтобы разговаривать по этому междугородному телефону.

Решение задачи № 73

В Москве пробило двенадцать — только что наступил понедельник; на запад от Москвы всюду*** простирается еще воскресенье, а на восток — понедельник. Но на шарообразной Земле восток и запад неизбежно должны встретиться; значит — где-то должна существовать граница, отделяющая воскресенье от понедельника.

Эта граница существует в самом деле и называется «линией даты»; она проходит через Берингов пролив и тянется по водам Тихого океана в виде изломанной линии, точное направление которой определено морскими законами.

На этой-то воображаемой линии, прорезающей безлюдные пустыни Тихого океана, и совершается впервые на земном шаре смена

* В наши дни — ровно 3 часа (прим. ред.).

** Телефонная связь европейской части СССР с Дальним Востоком (сначала правительственная) была налажена еще в 1930-е годы. Определенные трудности в общении разница во времени, конечно, создает (прим. ред.).

*** Границы современных часовых зон не проходят строго по меридианам, поэтому сегодня правильней сказать так: «в часовых зонах на запад от Москвы — еще воскресенье, а на восток — понедельник». См. также примечание на стр. 64 (прим. ред.).

дней недели, месяцев, лет. Здесь как бы помещаются входные двери нашего календаря: отсюда приходят на землю воскресенья и понедельники, январи и феврали; здесь же находится колыбель Нового года. Раньше, чем где бы то ни было на земном шаре, здесь наступает каждый новый день недели; родившись, он бежит на запад, обегает весь земной шар и снова возвращается к месту своего рождения — на этот раз, чтобы соскользнуть с поверхности нашей планеты и исчезнуть в вечности.

Из стран всего мира СССР раньше всех принимает на свою территорию каждый новый день: на мысе Дежнева каждое «воскресенье», только что родившееся в водах Берингова пролива, вступает в населенный мир, чтобы начать свое шествие через все части света. И здесь же, у восточной оконечности русской Азии, дни умирают, исполнив свою 24-часовую службу.

Некогда Карл V хвастал тем, что в его владениях не заходит солнце. Мы с бóльшим правом могли бы гордиться тем, что владеем колыбелью нарождающихся дней; в пределах СССР совершается первая на всей твердой земле смена одного дня недели другим.

Итак, вот где происходит смена дней недели. Что же делают мореплаватели, когда проезжают эту «линию даты»? Чтобы не сбиваться в счете дней, подобно спутникам Магеллана, моряки должны *пропускать один день недели*, если едут с востока на запад; когда же пересекают линию даты с запада на восток, то *дважды считают один и тот же день* недели, — т. е. после воскресенья опять празднуют воскресенье. Вот почему невозможны в действительности истории, рассказанные Эдгаром По в «Трех воскресеньях на одной неделе» и Жюлем Верном в романе «Вокруг света в 80 дней».

Решение задачи № 74

Перегнать Землю в ее суточном вращении вокруг оси вполне возможно на современном гоночном автомобиле, пробегающем свыше 200 километров в час (55 м в секунду) или, еще лучше, на аэроплане, могущем лететь со скоростью 300 и более км в час. Конечно, этого нельзя сделать на экваторе, точки которого движутся со скоростью 460 метров в секунду; невозможно это даже и на широте Ленинграда (60°), где движение точек земной поверхности совершается со скоростью 230 метров в секунду. Но это вполне возможно уже на 83-й широте и более. Здесь автомобилист, мчащийся в своем моторе с востока на запад, будет видеть солнце неподвижно висящим на небе, не приближаясь к закату*.

* Человек может обогнать Землю и пешком — в 50-ти километрах от полюса.

Земля, конечно, продолжает вращаться, но автомобилист будет отъезжать на столько же в обратную сторону и, следовательно, по отношению к солнцу будет оставаться неподвижным (см. рисунок на обложке).

При еще большей скорости автомобилист мог бы перегнать Землю и увидеть новое чудо: солнце, восходящее не с востока, а с запада! Земля под колесами автомобиля будет вращаться по-прежнему с запада на восток, но сам автомобиль будет обращаться вокруг земной оси с востока на запад.

Решение задачи № 75

Несообразность рисунка состоит в том, что лунный серп обращен своею выпуклою стороною не *к солнцу*, а *от солнца*. Ведь Луна освещается Солнцем, значит, она никак не может быть обращена к нему своею неосвещенною стороною…

«Большинство живописцев, — замечает по этому поводу известный французский астроном Фламмарион, — не знают еще этого, потому что не проходит года, чтобы в Парижском Салоне (зал для выставок) не появлялось большого числа лун в обратном положении».

Решение задачи № 76

Явная несообразность турецкого флага заключается в том, что звезда на изображении слишком близко придвинута к лунному серпу. В таком положении Луна и звезда на небе быть не могут. Луна не прозрачна, сквозь нее нельзя видеть звезды; значит, никакая звезда не может сиять внутри круга луны.

На рис. 72-м показано, как должны быть расположены лунный серп и звезда, чтобы картина была согласна с действительностью. Надо отодвинуть звезду от наружного края серпа больше, чем на целый поперечник луны. А между тем на турецком флаге звезда сияет как раз между рогами месяца*!

Рис. 72.

Решение задачи № 77

Из всех мест земного шара легче всего живется, конечно, на экваторе, — по той простой причине, что там все предметы становятся легче.

* В наши дни эмблема на флаге Турции в целом выглядит именно так, как показано на рис. 72 (ее изменили в первой половине XX века по требованию астрономов). Но несообразность осталась: тень такой формы и положения на Луну не может отбрасывать ни один реальный космический объект (прим. ред.).

Паровоз, весящий в Москве 60 тонн, становится по прибытии в Архангельск на 60 килограммов тяжелее, а в Одессе — на столько же легче.

Кто же похищает у паровоза эти 60 килограммов? Главным образом похищает их «центробежная сила»; она уменьшает вес всякого тела близ экватора на 1/250 долю по сравнению с весом того же тела у полюсов. А так как земной шар у экватора немного вздут, т. е. поверхность Земли там немного дальше от центра планеты, то это еще немного уменьшает вес предметов близ экватора. В общей сложности потеря веса на экваторе достигает 1/250 доли по сравнению с весом того же тела на полюсе.

На этом основании какой-то затейник объявил однажды, что знает способ вполне законно и честно обвешивать покупателей. Секрет состоит в том, чтобы покупать товары в экваториальных странах, а продавать их поближе к полюсам. Килограмм, будучи перенесен с экватора на полюс, прибавится в весе на целых 5 граммов, — если только пользоваться для взвешивания не весами с коромыслом, а пружинными (и притом непременно своего, «южного» изготовления); иначе, конечно, никакой выгоды не получится: на весах с гирями товар станет тяжелее, — но настолько же тяжелее сделаются и гири.

Едва ли можно разбогатеть на такой торговле, — но по существу шутник прав, так как тяжесть действительно увеличивается с удалением от экватора, где «всего легче живется на свете».

Решение задачи № 78

Как ни странно, но лунный серп изображен на рисунке совершенно верно. Это *тропический* ландшафт, а под тропиками положение лунного серпа отличается от положения его в наших широтах. У нас молодой месяц обращен горбушкой вправо, а серп убывающей луны — влево. В тропических же странах лунный серп висит на небе *горизонтально*.

Происходит это вот почему. В наших странах солнце и луна (вообще — все светила) при своем суточном движении по небу идут по наклонным кругам; поэтому вечером солнце, освещающее луну, находится под горизонтом в *косом направлении*: оно освещает луну справа или слева, и серп обращен влево или вправо. На экваторе же светила движутся по отвесным дугам; солнце, освещающее луну, расположено под горизонтом не направо или налево от нее, а *внизу ее*. Луна освещается снизу, и вот почему лунный серп имеет там форму гондолы, как изображено на нашем рисунке.

Кто живет у нас на юге — в Крыму, на Кавказе, в Туркестане, — тот заметил, вероятно, что серп там нередко имеет на небе положение, сходное с изображенным на нашем рисунке. Чем ближе к тропикам, тем более отвесно движутся светила по небу.

Решение задачи № 79

Перейдя из Белого моря в экваториальные воды, броненосец сделается на $\frac{1}{250}$ легче. Но ровно на столько же делается легче и вода: она тоже весит близ экватора на $\frac{1}{250}$ меньше, чем в Белом море. Значит, водоизмещение броненосца во все время плавания остается одно и то же: 20 000 тонн.

Решение задачи № 80

Пароход сделался бы на Луне в 6 раз легче, — но это вовсе не значит, что он будет гораздо мельче сидеть в лунном озере. Ведь и вода должна была бы на Луне весить в шесть раз меньше, чем на Земле. Плавающее тело вытесняет столько воды, сколько оно весит (закон Архимеда); следовательно, ничто не должно измениться в степени погружения парохода: он будет сидеть в воде на те же 3 метра.

Точно так же ничто не изменится и для пловца: его вес уменьшится во столько же раз, во сколько раз уменьшится вес вытесняемой им воды. Следовательно, плавучесть человека будет в лунном озере та же, что и в земном. Утонуть и там и здесь одинаково легко.

ГЛАВА ДЕВЯТАЯ

ФОКУСЫ И ИГРЫ

Задача № 81

Отгадчик

Мальчик с завязанными глазами безошибочно угадывает, в какой руке у вас гривенник. Делает он это так.

— Возьмите, — говорит он вам, — в одну руку гривенник, а в другую монету в 3 копейки.

Когда вы это сделали, он продолжает:

— Удвойте мысленно то, что у вас в правой руке, и утройте то, что в левой.

Вы исполняете его просьбу; тогда он просит вас сложить оба числа и спрашивает, получилось ли четное или же нечетное число.

— Четное, — отвечаете вы, например.

— Гривенник в левой руке, — тотчас же объявляет он, и всегда угадывает безошибочно.

Почему?

Задача № 82

Арифметический фокус

Хозяин просит одного из своих гостей написать на листке бумаги любое число из трех цифр.

— Но не показывайте мне, а прямо передайте листок своему соседу. Вы же, — обращается хозяин к этому соседу, — припишите к числу справа опять то же число. У вас получится длинное число из 6 цифр. Сделали? Передайте листок дальше.

— Что мне делать с этим шестизначным числом? — спрашивает гость, получивший записку.

— Разделите его на 13.

— А если не разделится?

— Разделится.

— Но ведь вы даже не знаете, какое у меня число! — возражает гость. — На 13 делится без остатка не всякое число.

— А это разделится, увидите.

Гость недоверчиво приступает к делению; действительно — число разделилось на 13 без остатка.

— Не говорите мне, сколько получилось, а передайте листок дальше, своему соседу, — говорит хозяин. — Вас я попрошу полученное число разделить на 11.

— А что делать с остатком?

— Остатка не будет, — заявляет хозяин.

И в самом деле: остатка не получается.

— То число, которое у вас получилось от деления, передайте дальше и попросите соседа разделить его на 7, — продолжает распоряжаться хозяин.

— Неужели опять разделится без остатка? — недоумевает сосед.

— Именно так, — отвечает хозяин. — Разделили? Будьте добры теперь написать результат на отдельной бумажке и передайте эту бумажку мне.

Затем, не заглядывая в бумажку, хозяин передает ее тому гостю, который задумал число.

— Вот число, которое вы написали. Правильно?

— Верно! — изумляется гость. — Но откуда ж вы знаете? Ведь вы не видели ни моего числа, ни того, которое получилось?

И в самом деле, откуда он мог знать?

Задача № 83

Карточный фокус

Трудно самому угадать задуманную карту и еще труднее, казалось бы, заставить другого угадывать. Но существует способ превратить любого человека в безошибочного отгадчика задуманной вами карты.

Из колоды игральных карт вы берете одну карту, — допустим, валета пик, — кладете на стол, никому не показывая, и уверяете собеседника, что он может отгадать эту карту.

Он, конечно, заявляет, что не обладает подобным даром, — но вы настаиваете на своем. Между вами и им происходит такой разговор (напоминаю, что карта, лежащая на столе, — валет пик).

Вы начинаете:

— Есть четыре масти. Назовите из них две, какие угодно.

— Бубны и пики, — отвечает собеседник наобум.

— Из этих двух укажите одну.

— Пусть бубны, — с улыбкой продолжает отгадчик.

— Значит, остаются только пики. Далее: в колоде имеются туз, король, дама, валет, десятка и девятка. Выберите из этих шести карт три.

— Король, дама и девятка, — опять наобум отвечает собеседник.

— Остаются, следовательно, туз, валет и десятка. Выберите из них две карты.

— Туз и валет.

— А теперь укажите их них одну.

— Ну, туз.

— Остается, значит, только валет. Вот он!

И вы торжествующе переворачиваете карту: масть и название угаданы!

Ваш собеседник в недоумении: каким образом он все же сумел угадать карту…

В чем секрет?

Задача № 84

Что получится?

Вырежьте из газеты ленту в 5 сантиметров шириною и в 80—100 сантиметров длиною. Концы этой ленты склейте в кольцо, — но не просто, а предварительно *закрутив ленту по длине два раза.*

Вот как это надо сделать. На рисунке 73-м углы ленты обозначены цифрами; переверните один конец ленты так, чтобы сначала угол 3-й оказался не вверху, против угла 1-го, а внизу, против угла 2-го, и затем заверните тот же конец в ту же сторону еще раз, чтобы угол 3-й пришелся снова вверху против угла 1-го. В результате лента окажется дважды закрученной по длине. Теперь склейте концы ленты (рис. 74), — и у вас все готово для фокуса.

Вы показываете эту заранее приготовленную ленту своим гостям и спрашиваете их:

— Что получится, если ленту разрезать вдоль посередине?

Всякий ответит вам, что, очевидно, из одного кольца получатся два — ничего другого и ожидать нельзя.

Но получится нечто неожиданное. Как вы думаете, что?

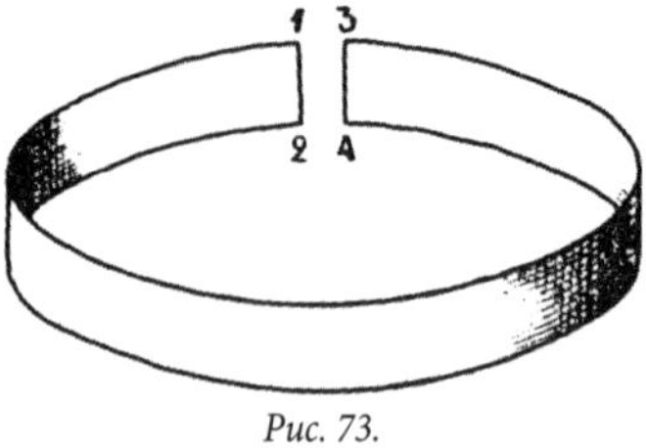

Рис. 73.

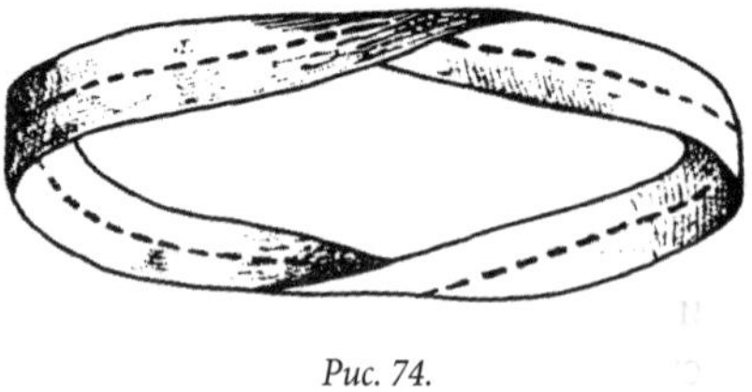
Рис. 74.

Задача № 85

Еще неожиданнее

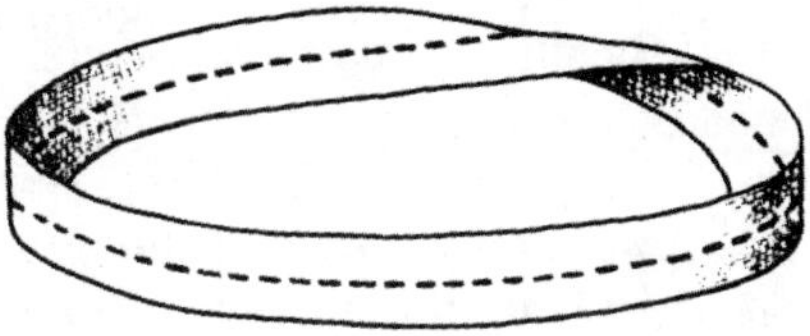

Рис. 75.

Еще неожиданнее будет то, что получится при разрезании другого бумажного кольца, склеенного несколько иным образом. А именно: конец закручивают, как и раньше, но *не два раза, а один раз* (угол 3-й при склеивании придется против угла 2-го).

Что получится, если разрезать такую ленту вдоль посередине (рис. 75)? Испытайте, — результат поразит вас!

Задача № 86

Игра в «32»

В эту игру играют вдвоем. Положите на стол 32 спички. Тот, кто начинает играть, берет себе одну, две, три или четыре спички. Затем и другой берет себе сколько хочет спичек, но тоже не более 4-х. Потом опять первый берет не свыше 4-х спичек. И так далее. Кто возьмет последнюю спичку, тот и выиграет.

Игра очень простая, как видите. Но она любопытна тем, что тот, кто начинает игру, всегда может выиграть, — если только правильно рассчитает, сколько ему нужно брать.

Можете ли вы указать, как он должен играть, чтобы выиграть?

Задача № 87

То же, но наоборот

Игру в «32» можно видоизменить: тот, кто берет последнюю спичку, не выигрывает, а, наоборот, проигрывает. Как следует здесь играть, чтобы наверняка выиграть?

Задача № 88

Игра в «27»

Эта игра похожа на предыдущие. Она также ведется между двумя игроками и тоже состоит в том, что играющие поочередно берут не более 4 спичек. Но конец игры иной: выигравшим считается тот, у кого по окончании игры окажется *четное число спичек.*

И тут начинающий игру имеет преимущество. Он может так рассчитать свои ходы, что наверняка выиграет. В чем состоит секрет беспроигрышной игры?

Задача № 89

На иной лад

При игре в «27» можно поставить и обратное условие: чтобы считался выигравшим тот, у кого после игры окажется нечетное число спичек.

Каков здесь способ беспроигрышной игры?

Задача № 90

Из шести спичек

Можете ли вы из шести спичек составить четыре равносторонних треугольника, притом так, чтобы ни одна сторона ни одного треугольника не была короче спички?

Попытайтесь. И не отчаивайтесь в успехе, если вам долго не удастся решить задачи, потому что она все-таки разрешима, и даже без особых хитростей.

Не бойтесь также и подлога в условии задачи, — ее надо понимать именно так, как было сказано: составить из 6 спичек 4 равносторонних треугольника.

РЕШЕНИЯ ЗАДАЧ №№ 81—90

Решение задачи № 81

Когда вы удваиваете или утраиваете четное число, вы всегда получаете в результате тоже четное число. Другое дело с числом нечетным: при удвоении оно становится четным, но при утроении остается нечетным. Гривенник, следовательно, дает четное число и при удвоении и при утроении; напротив, 3 копейки дают четное только при удвоении; утроенные они дают число нечетное. Мы знаем также, что, складывая четное число с четным, получим *четное*, а складывая четное и нечетное, получим *нечетное число*.

Отсюда прямо вытекает, что если в нашем фокусе сумма оказалась четной, значит, три копейки были удвоены, а не утроены, — т. е. находились в *правой* руке.

Если бы сумма была нечетной, это означало бы, что три копейки подверглись утроению и, следовательно, находились в *левой* руке.

Решение задачи № 82

Секрет фокуса кроется в том, что второй гость, приписывая к задуманному трехзначному числу то же число, умножил его на 1001, он ни взял, он не оставит вам меньше 6, — и вы всегда сможете оставить ему 5. Далее: как достичь того, чтобы партнеру пришлось брать из 10 спичек? Для этого надо в предыдущий ход оставить на столе 15 спичек.

Так, последовательно вычитая по 5, мы узнаем, что на столе надо оставить 20 спичек, а еще ранее — 25 спичек и, наконец, в первый раз — 30 спичек, т. е., начиная игру, взять 2 спички.

Итак, вот секрет беспроигрышной игры: сначала берите 2 спички; затем, — после того как партнер взял несколько спичек — берите столько, чтобы на столе осталось 25; в следующий раз оставьте на столе 20, потом 15, потом 10 и, наконец, 5. Последняя спичка всегда останется за вами.

Решение задачи № 87

Если условие игры обратное, — т. е. взявший последнюю спичку считается *проигравшим*, — то вам надо в предпоследний ваш ход оставить на столе 6 спичек; тогда, сколько бы ни взял ваш партнер, он не может оставить вам меньше 2 и больше 5, т. е. вы во всяком случае сможете следующим ходом последнюю спичку оставить ему. Но как привести к тому, чтобы оставить на столе 6 спичек? Для этого надо предшествующим ходом оставить на столе 11 спичек, а еще более ранними ходами — 16, 21, 26 и 31 спичку.

Итак, вы начинаете с того, что берете всего 1 спичку, а дальнейшими ходами оставляете нашему партнеру 26, 21, 16, 11 и 6 спичек; последняя спичка неизбежно достается противнику.

Решение задачи № 88

Здесь разыскать способ беспроигрышной игры несколько труднее, чем при игре в «32».

Надо исходить из следующих двух соображений.

1) Если у вас перед концом партии *нечетное* число спичек, вы должны оставить противнику 5 спичек, — и ваш выигрыш обеспечен. В самом деле: следующим ходом противник оставит вам 4, 3, 2 или 1 спичку; если 4 — вы берете 3 и выигрываете; если 3 — вы берете их и выигрываете; если 2 — вы берете 1 и выигрываете.

2) Если же перед концом игры у вас оказывается *четное* число спичек, то вы должны оставить противнику 6 или 7 спичек. В самом деле: проследим, как пойдет дальнейшая игра. Если противник следующим ходом оставляет вам 6 спичек, вы берете 1 и, обладая теперь уже нечетным числом спичек, спокойно оставляете противнику 5 спичек, с которыми он должен неизбежно проиграть. Если он оставит вам не 6, а 5 спичек, вы берете 4 и выигрываете. Если оставит 4 — вы их берете

и выигрываете. Если оставит 3 — вы берете 2 и выигрываете. И наконец, если оставит 2, — вы выигрываете. Меньше 2 он оставить не может.

Теперь уже не трудно найти способ беспроигрышной игры. Он состоит в том, что вы должны, имея у себя *нечетное* число спичек, оставлять противнику на столе такое число их, которое на 1 меньше кратного 6, — т. е. 5, 11, 17, 23; имея же *четное* число спичек, вы должны оставить противнику на столе число, кратное 6, или на 1 больше, — т. е. 6 или 7, 12 или 13, 18 или 19, 24 или 25. Нуль можно считать четным числом; поэтому, начиная игру, вы должны взять из 27 спичек 2 или 3, а в дальнейшем поступать согласно предыдущему. Ведя так игру, вы неизбежно выиграете. Не давайте только противнику выхватить у вас нить игры.

Решение задачи № 89

Если условие игры обратное и выигравшим считается обладатель нечетного числа, вы должны поступать при игре следующим образом: имея *четное* число спичек, оставляйте противнику на 1 меньше, чем кратное 6-ти; имея же *нечетное* число, — оставляйте ему кратное 6-ти или на 1 больше. Это неизбежно должно привести вас к выигрышу. Начиная игру, вы имеете 0 спичек (т. е. как бы четное число); поэтому первым ходом вы берете 4 спички, оставляя противнику 23.

Решение задачи № 90

Вы, вероятно, пытались составить шесть треугольников, располагая спички в одной плоскости. И, конечно, безуспешно, потому что так задача неразрешима. Но ведь такого ограничения задача не ставит; вы можете располагать треугольники и не в одной плоскости, т. е. размещать их в пространстве. И тогда она решается очень просто: стоит лишь построить из 6 спичек пирамиду с треугольным основанием и треугольными боками, как показано на рис. 79-м. У вас получается 4 равносторонних треугольника из 6 спичек.

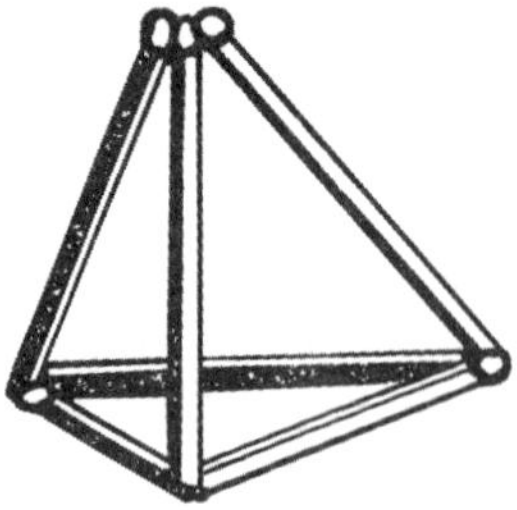

Рис. 79.

ГЛАВА ДЕСЯТАЯ

ГЕОМЕТРИЧЕСКИЕ СИЛУЭТЫ

Занимательная игра, о которой мы сейчас будем говорить, имеет очень древнее происхождение. Она еще древнее, чем шахматы, хотя гораздо менее известна. Четыре тысячи лет тому назад она возникла в Китае; впрочем, первоначально она служила там не для игры, а, вероятно, для обучения. В наши дни это занятие, несколько видоизмененное, может служить занимательным развлечением.

Игра заключается в том, что складывают из определенных геометрических фигур, «танграмов», бесчисленное множество всевозможных силуэтов. «Танграмы» названы так оттого, что их придумал, по преданию, некий китаец Тан. Они вырезаются из черного картона или выпиливаются из дерева и представляют собою части квадрата, разделенного известным образом.

Вот как надо разрезать квадрат (рис. 80). Сначала соедините углы *B* и *D*, т. е. проведите «диагональ» *BD*. Затем соедините середины сторон *BC* и *DC*, т. е. проведите линию *KL*. Точку *A* соедините с серединою *KL*, т. е. с точкою *M*, а точку *M* соедините с *G*, т. е. с серединою *EB*. Затем *K* соедините с *J* (т. е. с серединою *DE*).

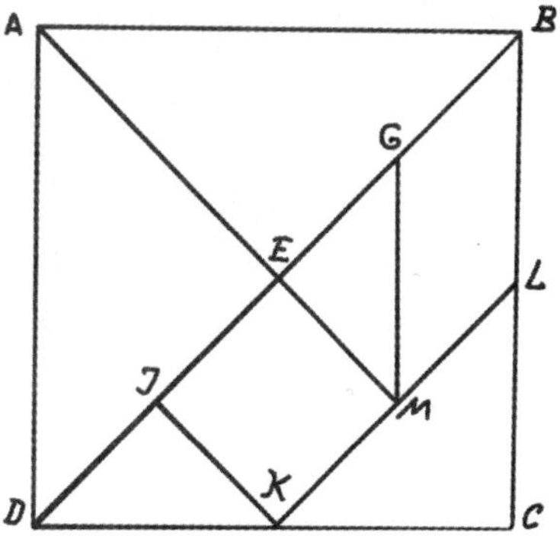

Рис. 80.

Теперь на квадрате проведены все нужные линии, и вы можете вырезать по ним танграмы. У вас получаются следующие геометрические фигуры:

5 треугольников (2 больших, 1 средней величины и 2 маленьких); 1 квадрат и 1 параллелограмм.

Чтобы привыкнуть к обращению с танграмами, смешайте эти семь фигур и попробуйте, не глядя на чертеж, сложить из них тот квадрат, из которого они получились. Едва ли это удается вам сразу. Но все же не сдавайтесь, а терпеливо ищите решение. Добившись его, перейдите к решению следующих «танграмных» задач.

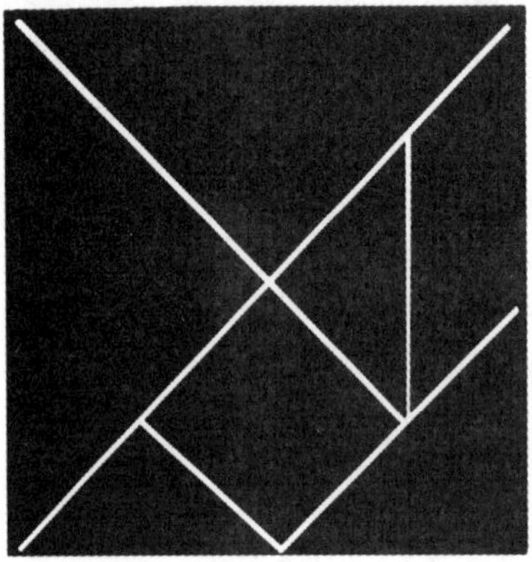

Рис. 81.

Задачи эти состоят в том, что из 7 упомянутых фигур необходимо составить определенный силуэт, причем: 1) нельзя класть один танграм на другой, хотя бы кончиком, 2) для каждого силуэта должны быть использованы все 7 танграмов.

Вы найдете среди прилагаемых силуэтов довольно характерные и удачные изображения, несмотря на простоту и угловатость контура. Недаром танграмными изображениями увлекались художники (Густав Доре), а Наполеон в своем невольном уединении на острове Святой Елены целые часы, говорят, проводил за этой «китайской головоломкой».

Задача № 91

«Игра на бильярде»

Вы видите здесь геометрические силуэты двух игроков, склонившихся над бильярдным столом. Каждый силуэт — и игроков и бильярдного стола — сложен исключительно из танграмов; и в состав каждого из этих трех силуэтов вошли все 7 танграмных фигур.

Рис. 82.

Можете ли вы указать, как эти фигуры сложены?

Задача № 92

«Оркестр»

В нашем оркестре из 7 танграмов сложены и барабанщик (справа), и пюпитр возле него, и контрабасист, и его контрабас, и толстый трубач, и пианист, сидящий за роялем, и, наконец, сам рояль.

Как же составлены эти силуэты?

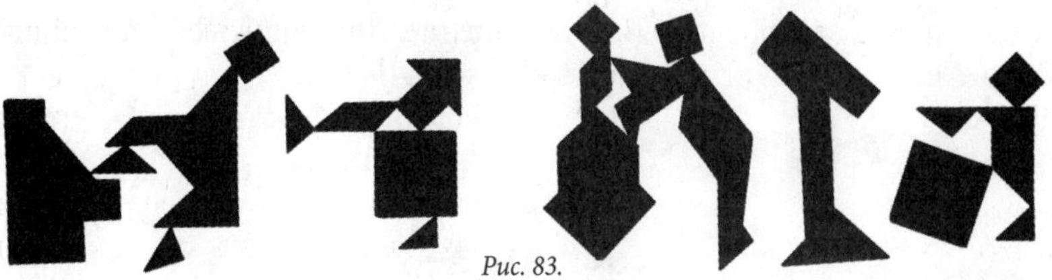

Рис. 83.

Задача № 93

Восемь силуэтов

Сложите ряд танграмных фигур на таблице 84; они изображают силуэты: петуха, женщины, мужчины, девушки, коровы, кошки, собаки и мыши.

Рис. 84.

Задача № 94

Еще шесть силуэтов

Попробуйте сложить из танграмов нарисованные на рис. 85 геометрические силуэты: девушки, сидящей на траве; женщины, смотрящейся в зеркало; головы в шляпе, Наполеона и два силуэта краснокожих индейцев.

Рис. 85.

Рис. 86.

Задача № 95

Где ошибка?

На таблице 86-й собраны такие танграмные силуэты: бегущий мужчина, бегущая женщина, галстук, мостик, рыба, лебедь, человек с чашей, молоток, наковальня; человек, заложивший руки за спину; лошадь, револьвер, рубашка, шапка, курица, гусь, поросенок, кресло, курительная трубка, кружка, могильный памятник.

Одна из этих фигур изображена здесь неправильно: в таком виде, как она нарисована, ее невозможно сложить из танграмов.

Укажите же эту единственную фигуру на нашей таблице, которая не может быть построена из танграмов.

Задача № 96

Самая крупная фигура

Если вам удалось составить все или некоторые изображенные выше силуэты, ответьте на вопросы:

Какая из всех составленных вами фигур имеет самую большую площадь? Какая из них имеет наименьшую площадь?

Задача № 97

24 силуэта

Собранные на таблице 87-й силуэты изображают:

Женщину у зеркала, дом, мужскую фигуру, голову американца, горящую свечу, пожилую женщину, молодую худощавую женщину, кошку, журавля, автомобиль, зайца, страуса, кенгуру, сидячую фигуру, всадника на лошади, женщину с сумочкой, мужчину на коленях, граммофон, парусную яхту, голландскую девушку, паровоз с тендером, фигуру на коленях и кланяющегося мужчину.

Как составлены все эти фигуры?

Рис. 87.

Задача № 98

Размеры танграмов

Всмотритесь внимательнее в те 7 танграмных фигур, которые помогли вам составить так много разнообразных силуэтов, и пробуйте ответить на вопрос:

Во сколько раз площадь каждой танграмной фигурки меньше площади того квадрата, из которого они были вырезаны?

Задача № 99

Откуда взялась нога?

Вот два силуэта, сложенные из танграмов. Вы видите, что у одного силуэта есть нога, у другого нет. Между тем обе фигуры построены из одних тех же семи танграмов!

Откуда же взялась нога у правой фигуры?

Рис. 88.

Задача № 100

Два квадрата из одного

Мне привезли из Китая маленькую квадратную коробочку с танграмами, уложенными в ней вплотную двумя слоями — каждый слой представлял собою квадрат. Следовательно, из 7 танграмов можно сложить не только один квадрат, но и два одинаковых.

Как это сделать?

РЕШЕНИЯ ЗАДАЧ №№ 91—100

Решение задачи № 91

Рис. 89.

Решение задачи № 92

Рис. 90.

Решение задачи № 93

Рис. 91.

Решение задачи № 94

Способ сложения силуэтов показан на приложенных чертежах (рис. 92).

Решение задачи № 95

Все фигуры, изображенные на таблице 85-й, можно сложить из танграмов (см. таблицу 94-ю), — за исключением одной — лебедя. Здесь, на рис. 93-м показано, какие очертания имеет фигура лебедя, если ее правильно составить из танграмов.

Рис. 92.

Рис. 93.

Рис. 94.

Решение задачи № 96

Все силуэты имеют одинаковую площадь, так как составлены из одних и тех же частей. Как бы ни различались между собою силуэты, все они представляют собою видоизменения первоначального квадрата и, конечно, равны ему по площади.

Решение задачи № 97

Рис. 95.

Решение задачи № 98

Каждый из больших треугольников составляет по площади ¼ квадрата; средний треугольник вдвое меньше и, следовательно, составляет ⅛ долю квадрата. Каждый из маленьких треугольников вдвое меньше среднего, и значит, площадь каждого = 1/16 доле площади квадрата.

Параллелограмм и квадратик можно составить из двух маленьких треугольников; следовательно, каждая из этих фигур = ⅛ площади первоначального квадрата.

Решение задачи № 99

На прилагаемом чертеже 96-м показано, как составлены обе фигуры.

Первая, безногая фигура, чуть-чуть толще второй, — именно на узкую полоску, отрезаемую линией *AB*. Зато вторая фигура имеет ногу, и площадь этой ноги в точности равна упомянутой избыточной полоске.

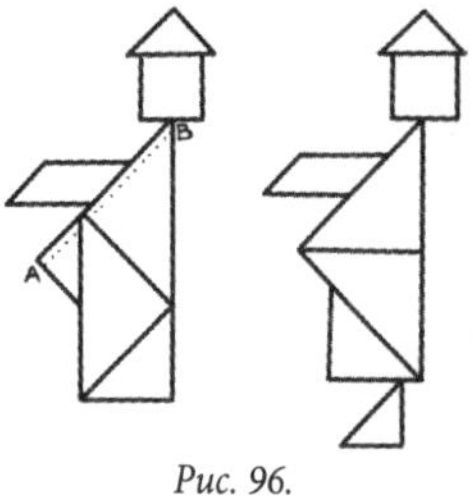

Рис. 96.

Решение задачи № 100

Один из двух квадратов составляется двумя большими треугольниками. Сделав это, нетрудно уже из остальных 5 танграмов составить второй квадрат.

Я. И. ПЕРЕЛЬМАН

ДЛЯ ЮНЫХ МАТЕМАТИКОВ

ВТОРАЯ СОТНЯ ГОЛОВОЛОМОК

ПРЕДИСЛОВИЕ

Выпущенный мною в 1915 году первый сборник головоломок для юных математиков («Веселые задачи») получил применение и распространение гораздо более обширные, чем можно было ожидать*. Успех первой книжки побудил меня наряду с ее переизданием выпустить еще один сборник подобного же характера, чтобы дать юным любителям математики более обширное поле для изощрения своих способностей. Книжка эта лежит перед читателем. Несмотря на подзаголовок (*вторая* сотня головоломок), она не стоит в необходимой связи с первой. Это просто серия *других* упражнений, в общем не труднее и не легче предложенных в первом сборнике. Материал умышленно подобран здесь не однородный по трудности, чтобы каждый из юных читателей мог найти упражнения, соответствующие его силам. Значительная часть задач (около половины общего числа) придумана мною, большинство остальных принадлежит к мало использованным и в русском сборнике появляется впервые. Как и первая книжка, этот сборник не преследует учебных целей, а имеет лишь в виду приятной умственной гимнастикой изощрить сообразительность и тем подготовить юный ум к более серьезной работе в будущем**.

Я. П.

* Первое издание разошлось в 4000 экз., второе (1919 г.) — в 15 000 экз., третье (1920 г.) — в 25 000 экз.

** Для знакомых со школьным курсом арифметики мною составлен другой сборник математических упражнений: «Загадки и диковинки в мире чисел» (Л., 1923, изд. 2-е).

ГЛАВА ПЕРВАЯ

ЗАДАЧИ ИЗ «ПУТЕШЕСТВИЙ ГУЛЛИВЕРА»

Самые удивительные страницы в «Путешествиях Гулливера по многим отдаленным странам»* — без сомнения, те, где описаны его необычайные приключения в стране крошечных лилипутов и в стране великанов «бробдингнегов». В стране лилипутов размеры — высота, ширина, толщина — всех людей, животных, растений и вещей были в 12 раз меньше, чем у нас. В стране великанов наоборот, — в 12 раз больше. Почему автор «Путешествий» избрал именно число 12, легко понять, если вспомнить, что это как раз отношение фута к дюйму (автор «Путешествий» — англичанин). В 12 раз меньше, в 12 раз больше — как будто не очень значительное уменьшение или увеличение. Однако отличие природы и жизни в этих фантастических странах от тех, к каким мы привыкли, оказалось поразительным. Зачастую различие это настолько озадачивает своей неожиданностью, что дает материал для головоломной задачи. Десяток подобных головоломок мы и хотим здесь предложить читателям.

Рис. 97.

* Полное название тетралогии Джонатана Свифта — «Путешествия в некоторые удаленные страны мира в четырех частях: сочинение Лемюэля Гулливера, сначала хирурга, а затем капитана нескольких кораблей» (прим. ред.).

Рис. 98. Обед Гулливера в стране лилипутов.

Задача № 1

Паек и обед Гулливера

Лилипуты, — читаем мы в «Путешествиях», — установили для Гулливера следующую норму отпуска пищевых продуктов:

«Ему будет ежедневно выдаваться паек съестных припасов и напитков, достаточный для прокормления 1724 подданных страны лилипутов».

«Триста поваров, — рассказывает Гулливер в другом месте, — готовили для меня кушанье. Вокруг моего дома были поставлены шалаши, где происходила стряпня и жили повара со своими семьями. Когда наступал час обеда, я брал в руки 20 человек прислуги и ставил их на стол, а человек 100 прислуживало с пола: одни подавали кушанье, остальные приносили бочонки с вином и другими напитками на шестах, перекинутых с плеча на плечо. Стоявшие наверху по мере надобности поднимали все это на стол при помощи веревок и блоков».

Не объясните ли вы, из какого расчета получили лилипуты такой огромный паек? И зачем понадобился столь многочисленный штат прислуги для прокормления одного человека? Ведь он всего лишь в дюжину раз выше ростом, нежели лилипуты. Соразмерны ли подобный паек и аппетит с относительной величиной Гулливера и лилипутов?

Задача № 2

Бочка и ведро лилипутов

«Наевшись, — рассказывает далее Гулливер о своем пребывании в стране лилипутов, — я показал знаками, что мне хочется пить. Лилипуты с большой ловкостью подняли на веревках до уровня моего тела бочку вина самого большого размера, подкатили ее к моей руке и выбили крышку. Я выпил все одним духом. Мне подкатили другую бочку. Я осушил ее залпом, как и первую, и попросил еще, — но больше у них не было».

В другом месте Гулливер говорит о ведрах лилипутов, что они были «не больше нашего большого наперстка».

Такие крошечные бочки и ведра могли ли быть в стране, где все предметы меньше нормальных только в 12 раз?

Задача № 3

Животные страны лилипутов

«Пятьсот самых больших лошадей было прислано, чтобы отвезти меня в столицу», — рассказывает Гулливер о стране лилипутов.

Не кажется ли вам, что 500 лошадей — чересчур много для этой цели, даже принимая во внимание относительные размеры Гулливера и лилипутских лошадей?

О коровах, быках и овцах лилипутов Гулливер рассказывает не менее удивительную вещь, — что, уезжая, он попросту «посадил их в свой карман».

Возможно ли это?

Задача № 4

Жесткая постель

О том, как лилипуты приготовили ложе своему гостю-великану, читаем в «Путешествии Гулливера» следующее:

«Шестьсот тюфяков обыкновенных лилипутских размеров было доставлено на подводах в мое помещение, где портные принялись за работу. Из полутораста тюфяков, сшитых вместе, вышел один, на котором я мог свободно поместиться в длину и ширину. Четыре таких тюфяка положили один на другой, — но даже и на этой постели мне было так же жестко спать, как на каменном полу».

Почему же Гулливеру было на этой постели так жестко? И правилен ли весь приведенный здесь расчет?

Задача № 5

Триста портных

«Ко мне было прикомандировано 300 портных-лилипутов с наказом сшить мне полную пару платья по местным образцам».

Неужели нужна такая армия портных, чтобы сшить один костюм на человека, ростом всего в дюжину раз больше лилипутского?

Задача № 6

Лодка Гулливера

Гулливер покинул страну лилипутов на лодке, которую случайно прибило к берегам. Лодка эта казалась лилипутам чудовищным кораблем, далеко превосходящим размеры самых крупных судов их флота.

Не можете ли вы рассчитать приблизительно, сколько лилипутских тонн водоизмещения* имела эта лодка, если исходить из того, что она могла поднять груз в 20 пудов?

* Водоизмещение корабля равно наибольшему грузу, какое он может поднять (включая и вес самого судна). Тонна — около 60 пудов.

Рис. 99. Яблоки страны великанов.

Задача № 7

Исполинские яблоки и орехи

«Один раз, — читаем мы в «Путешествиях Гулливера» к бробдингнегам (великанам), — с нами отправился в сад придворный карлик. Улучив удобный момент, когда я, прохаживаясь, очутился под одним из деревьев, он ухватился за ветку и встряхнул ее над моей головой. Град яблок, величиной каждое с хороший бочонок, шумно посыпался на землю; одно ударило меня в спину и сбило с ног...»

В другой раз — «какой-то каверзный школьник запустил орехом прямо мне в голову и едва не попал, — а брошен был орех с такою силой, что неминуемо размозжил бы мне череп, так как был немногим меньше нашей небольшой тыквы».

Сколько примерно могли, по вашему мнению, весить яблоко и орех страны великанов?

Задача № 8

Кольцо великанов

В числе предметов, вывезенных Гулливером из страны великанов, было, говорит он, — «золотое кольцо, которое королева сама мне подарила, милостиво сняв его со своего мизинца и накинув мне через голову на шею как ожерелье».

Возможно ли, чтобы колечко с мизинца хотя бы и великанши годилось Гулливеру как ожерелье? И сколько примерно должно было такое кольцо весить?

Задача № 9

Книги великанов

О книгах в стране великанов Гулливер сообщает такие подробности:

«Мне разрешено было брать из библиотеки книги для чтения, — но для того, чтобы я мог их читать, пришлось соорудить целое приспособление. Столяр сделал для меня деревянную лестницу, которую можно было переносить с места на место. Она имела 25 футов* в вышину, а длина каждой ступеньки достигала 50-ти футов. Когда я выражал желание почитать, мою лестницу устанавливали футах в 10 от стены, повернув к ней ступеньками, а на пол ставили раскрытую книгу, прислонив ее к стене. Я взбирался на верхнюю ступеньку и начинал читать с верхней строки, переходя слева направо и обратно шагов на 8 или на 10, смотря по длине строк. По мере того как чтение подвигалось вперед и строки приходились все ниже и ниже уровня моих глаз, я постепенно спускался на вторую ступеньку, на третью и т. д. Дочитав до конца страницы, я снова поднимался вверх и начинал новую страницу таким же манером. Листы я переворачивал обеими руками, что было нетрудно, так как бумага, на которой у них печатают книги, не толще нашего картона, а самые большие их фолианты имеют не более 18—20 футов в длину».

Соразмерно ли все это?

* Здесь и далее в тексте: 1 фут ≈ 0,3 м, 1 дюйм ≈ 2,5 см, 1 вершок ≈ 4,4 см, 1 аршин ≈ 0,7 м, 1 золотник ≈ 4,2 г, 1 фунт ≈ 0,45 кг, 1 пуд ≈ 16 кг (прим. ред.).

Рис. 100. Гулливер читает книгу в стране великанов.

Задача № 10

Воротники великанов

В заключение остановимся на задаче этого рода, но заимствованной непосредственно из описания Гулливеровых приключений.

Вам, быть может, не было известно, что номер воротничка есть не что иное, как число сантиметров в его окружности. Если окружность вашей шеи 36 сантиметров, то вам подойдет воротник только № 36; воротник номером меньше будет тесен, а номером больше — просторен. Окружность шеи взрослого человека в среднем около 40 сантиметров.

Если бы Гулливер желал в Лондоне заказать партию воротников для обитателей страны великанов, то какой № он должен был бы заказать?

РЕШЕНИЯ ЗАДАЧ №№ 1—10

Решение задачи № 1

Расчет был сделан совершенно верно, — если не считать маленькой арифметической ошибки. Не надо забывать, что лилипуты представляли собой точное, хотя и уменьшенное подобие обыкновенных людей, с нормальной пропорцией частей тела. Следовательно, они были не только в 12 раз ниже ростом, но и в 12 раз у́же и в 12 раз тоньше Гулливера. Объем их тела поэтому был меньше объема тела Гулливера не в 12 раз, а в 12 · 12 · 12, т. е. в 1728 раз. И, конечно, для поддержания жизни такого тела надо соответственно меньше пищи. Вот почему лилипуты и рассчитали, что Гулливеру нужен паек, достаточный для прокормления 1728 лиллипутов (у Свифта ошибочно указано 1724).

Теперь понятно, для чего понадобилось и так много поваров. Чтобы приготовить 1728 обедов, нужно не менее 300 поваров, считая, что один повар-лилипут может сварить полдюжины лилипутских обедов. Соответственно большое число людей необходимо было и для того, чтобы поднять такой груз на высоту Гулливерова стола, который был — как легко рассчитать — высотой с трехэтажный дом лилипутов.

Решение задачи № 2

Бочки и ведра лилипутов, если имели такую же форму, как наши, не только в 12 раз меньше наших по высоте, но и в 12 раз меньше по ширине и толщине, а следовательно, по объему меньше в 12 · 12 · 12 = = 1728 раз. Значит, считая в нашем ведре 60 стаканов, мы легко можем рассчитать, что ведро лилипутов вмещало всего только 60 : 1728, или круглым числом 1/30 стакана. Это немногим больше чайной ложки и действительно не превышает вместимости крупного наперстка.

Если вместимость ведра лилипутов почти равна чайной ложке, то вместимость винного бочонка, — даже если он был 10-ведерный, — не превышала 1/3 стакана. Что же удивительного, что Гулливер не мог утолить жажды даже двумя такими бочками!

Решение задачи № 3

Мы уже подсчитали в первой задаче, что Гулливер по объему тела был больше лилипутов в 1728 раз. Разумеется, он был во столько же раз и тяжелее. Перевезти его тело на лошадях лилипутам было так же трудно, как перевезти 1728 лилипутов. Отсюда понятно, зачем в повозку с Гулливером понадобилось впрячь такое множество лошадей.

Животные страны лилипутов были тоже в 1728 раз меньше по объему и, значит, во столько же раз легче, чем наши.

Наша корова имеет в высоту аршина два и весит 50 пудов. Корова лилипутов была меньше трех вершков росту и весила 50 : 1798 пудов, т. е. немногим больше одного фунта. Разумеется, такую игрушечную корову можно при желании уместить в кармане.

«Самые крупные их лошади и быки, — вполне правдоподобно рассказывает Гулливер, — были не выше 4—5 дюймов, овцы — около 1½ дюйма, гуси — величиной с нашего воробья и т. д. до самых мелких животных. Их мелкие животные были почти невидимы для моих глаз. Я видел, как повар ощипывал жаворонка величиной с нашу обыкновенную муху, если не меньше; в другой раз молодая девушка при мне вдевала невидимую нитку в невидимую иглу».

Решение задачи № 4

Расчет сделан вполне правильно. Если тюфяк лилипутов в 12 раз короче и, конечно, в 12 раз у́же тюфяка обычных размеров, то поверхность его была в 12 · 12 раз меньше поверхности нашего тюфяка. Чтобы улечься, Гулливеру нужно было, следовательно, 144 (круглым счетом — 150) лилипутских тюфяка. Но такой тюфяк был очень тонок — в 12 раз тоньше нашего. Теперь понятно, что даже 4 слоя подобных тюфяков не предоставили достаточно мягкого ложа: получился тюфяк втрое более тонкий, чем наш обыкновенный.

Решение задачи № 5

Поверхность тела Гулливера была не в 12 раз больше поверхности тела лилипутов, а в 12 · 12, т. е. в 144 раза. Это станет понятно, если мы представим себе, что каждому квадратному дюйму поверхности тела лилипута соответствует квадратный фут поверхности тела Гулливера, а в квадратном футе 144 квадратных дюйма. Раз так, то на костюм Гулливера должно было пойти в 144 раза больше сукна, чем на костюм лилипута, и, значит, соответственно больше рабочего времени. Если один портной может сшить костюм в 2 дня, то, чтобы сшить в один день 144 костюма (или один костюм Гулливера), могло понадобиться именно около 300 портных.

Решение задачи № 6

Лодка Гулливера могла поднять 20 пудов; следовательно, ее водоизмещение — 20 : 60 = ⅓ тонны. Тонна — это вес кубического метра воды; значит, лодка вытесняла ⅓ куб. метра. Но все линейные меры лилипутов в 12 раз меньше наших, кубические же — в 1728 раз меньше. Легко сообразить, что ⅓ нашего куб. метра заключала около 575 куб. метров страны лилипутов и что лодка Гулливера имела водоизмещение в 575 тонн (или около того, так как исходное число, 20 пудов, взято нами произвольно).

В наши дни, когда океаны бороздят суда в десятки тысяч тонн, корабль таких размеров никого не удивит, — но нужно иметь в виду, что в те времена, когда было написано «Путешествие Гулливера» (в начале XVIII века), суда в 500—600 тонн были редкостью.

Решение задачи № 7

Легко рассчитать, что яблоко, которое весит у нас около четверти фунта, должно было в стране великанов весить, соответственно своему объему, в 1728 раз больше, т. е. 432 фунта, или почти 11 пудов! Такое яблоко, ударив человека в спину, едва ли оставит его в живых, так что Гулливер отделался чересчур легко от угрожавшей ему опасности быть раздавленным 11-пудовым грузом.

Орех страны великанов должен был весить фунтов 8—9, если принять, что наш орех весит около ½ золотника; в поперечнике исполинский орех мог иметь дюйма 4. Восьмифунтовый твердый предмет, брошенный со скоростью орешка, конечно, неминуемо должен был размозжить голову человеку нормальных размеров. И когда в другом месте Гулливер рассказывает, что обыкновенный град в стране великанов мгновенно повалил его на землю и что градины его «жестоко колотили по спине, по бокам и по всему телу, словно большие деревянные шары, какими играют в крокет», — то это вполне правдоподобно, потому что каждая градина страны великанов должна весить не меньше нескольких фунтов.

Решение задачи № 8

Поперечник мизинца человека нормальных размеров около 1½ сантиметра. Умножив на 12, имеем для поперечника кольца великанши $1\frac{1}{2} \cdot 12 = 18$ сантиметров; кольцо с таким просветом имеет окружность $18 \cdot 3\frac{1}{7}$ = около 56 сантиметров. Это как раз достаточные размеры, чтобы возможно было просунуть через него голову нормальной величины (в чем легко убедиться, измерив бечевкой окружность своей головы в самом широком месте).

Что касается *веса* такого кольца, то, если обыкновенное колечко весит, скажем, один золотник, такого же фасона кольцо из страны великанов должно было весить 1728 золотников, т. е. немногим менее полупуда.

Решение задачи № 9

Если исходить из размеров современной книги обычного формата (сантиметров 25 длиной и 12 шириной), то описанное Гулливером представится несколько преувеличенным. Чтобы читать книгу менее 3 метров вышины и полутора метров ширины, можно обойтись без лестницы и нет надобности ходить вправо и влево на 8—10 шагов. Но во времена Свифта, в начале XVIII века, обычный формат книг (фолиантов) был гораздо больше, чем теперь. Фолиант, например, «Арифметики» Магницкого, вышедшей при Петре Великом, имел размеры около 30 сантиметров в высоту и 20 в ширину. Увеличивая в 12 раз, получаем для книг великанов более внушительные размеры: 360 сантиметров (почти 4 метра) в высоту и 240 см в ширину (2½ метра). Читать четырехметровую книгу без лестницы нельзя; но и тут не пришлось бы, переходя от одной строки к другой, делать 8—10 шагов, так что последняя подробность у Свифта безусловно является преувеличением.

Подобный фолиант должен весить в 1728 раз больше, нежели наш, т. е. пудов 70—80. Считая, что в нем 500 листов, получаем для каждого листа книги великанов вес около 11—13 фунтов. Перелистывать такие страницы, конечно, нетрудно.

Буквы в книгах великанов имели около 2—3 см высоты; читать такую крупную печать с расстояния 10 футов, как читал Гулливер, очень удобно.

Решение задачи № 10

Окружность шеи великанов была больше окружности шеи нормального человека во столько же раз, во сколько раз был больше ее поперечник, т. е. в 12 раз. И если нормальному человеку нужен № 40, то для великана понадобился бы №

$$40 \cdot 12 = 480.$$

ГЛАВА ВТОРАЯ

ЗАДАЧИ СО СПИЧКАМИ

Задача № 11

Из шести три

Перед вами (рис. 101) фигура, составленная из 17 спичек. Вы видите в ней 6 одинаковых квадратов. Задача состоит в том, чтобы убрать 5 спичек, не перекладывая остальных, — и осталось бы всего 3 квадрата.

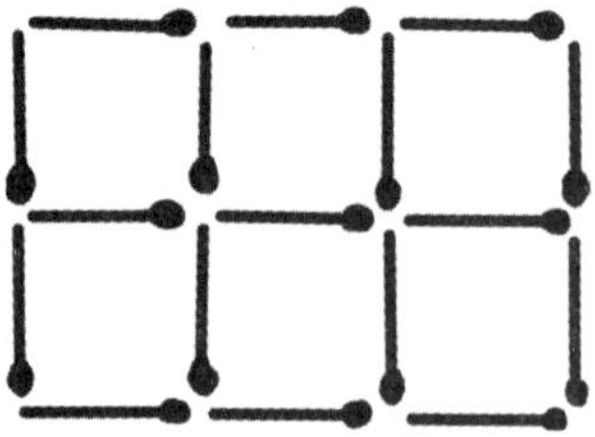

Рис. 101.

Задача № 12

Оставить пять квадратов

В решетке из спичек, представленной на рис. 102-м, нужно так убрать 4 спички, — не трогая остальных, — чтобы осталось пять квадратов.

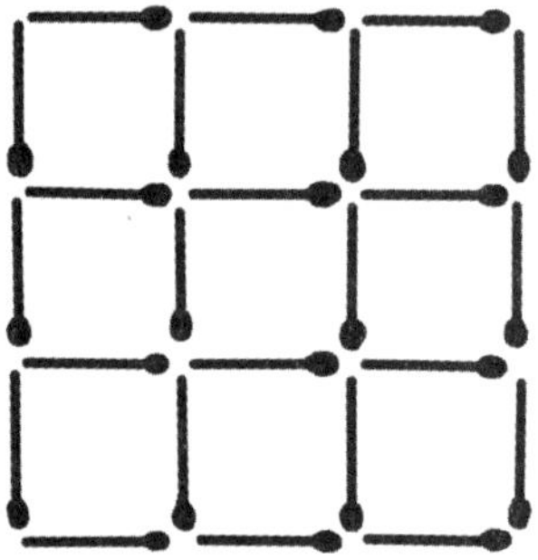

Рис. 102.

Задача № 13

Оставить четыре квадрата

Из той же фигуры (рис. 102) так выньте 8 спичек, — не трогая других, — чтобы оставшиеся спички составляли 4 одинаковых квадрата.

Задача № 14

Оставить три квадрата

В той же решетке (рис. 102) так уберите 6 спичек, — не перекладывая остальных, — чтобы осталось всего 3 квадрата.

Задача № 15

Оставить два квадрата

И наконец, в той же фигуре (рис. 102) так уберите 8 спичек, — не трогая остальных, — чтобы осталось всего лишь два квадрата.

Задача № 16

Шесть четырехугольников

В фигуре, представленной на рис. 103, нужно так переложить 6 спичек с одного места на другое, чтобы образовалась фигура, составленная из 6 одинаковых четырехугольников.

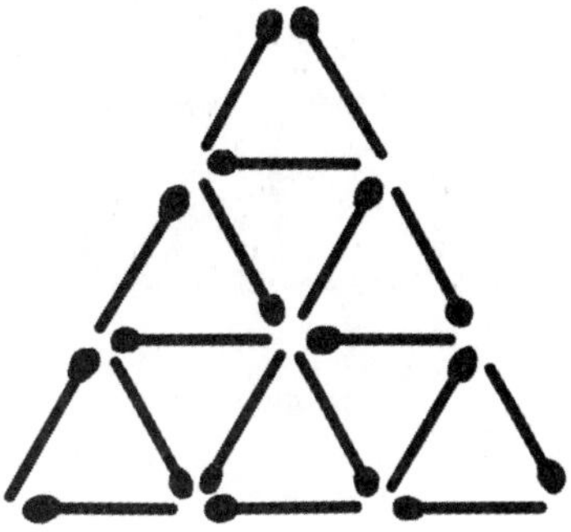

Рис. 103.

Задача № 17

Из дюжины спичек

Из 12 спичек нужно составить фигуру, в которой было бы:

три одинаковых четырехугольника и
два одинаковых треугольника.

Как это сделать?

Задача № 18

Из полутора дюжин

Из 18 спичек нужно сложить два четырехугольника так, чтобы площадь одного была втрое больше площади другого. Спичек, как и во всех предыдущих задачах, переламывать нельзя. Оба четырехугольника должны лежать обособленно, не примыкая друг к другу.

Задача № 19

Два пятиугольника

Если вам удалось решить предыдущую задачу, попытайте силы на такой головоломке:

Из 18 спичек сложить два пятиугольника так, чтобы площадь одного была ровно втрое больше площади другого. Прочие условия те же, что и в предыдущей задаче.

Задача № 20

Из 19 и из 12

На чертеже 104-м вы видите, как можно 19-ю целыми спичками ограничить шесть одинаковых участков.

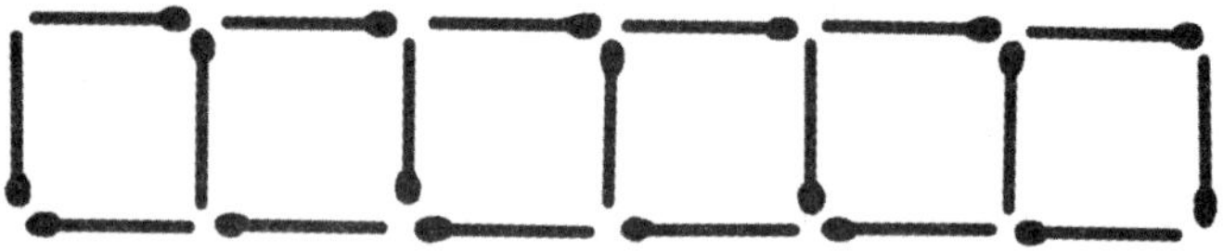

Рис. 104.

А можно ли ограничить шесть одинаковых участков — хотя бы и иной формы — 12-ю целыми спичками?

РЕШЕНИЯ ЗАДАЧ №№ 11—20

Решение задачи № 11

видно из чертежа 105-го.

Решения задач №№ 12, 13, 14 и 15

показаны на чертежах 106-м, 107-м*, 108-м, 109-м, 110-м.

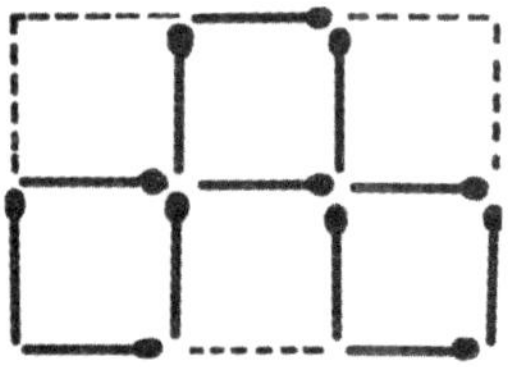

Рис. 105.

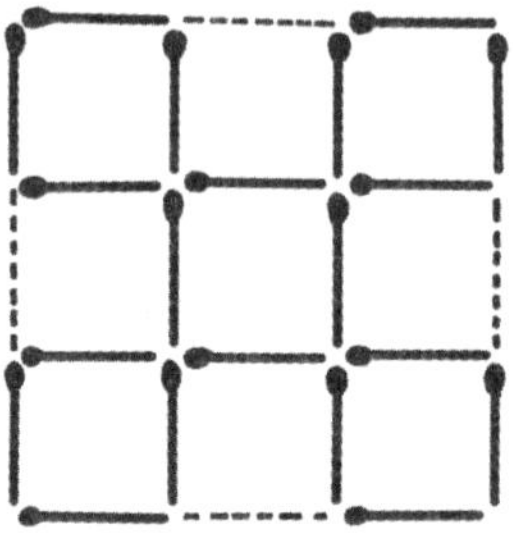

Рис. 106.

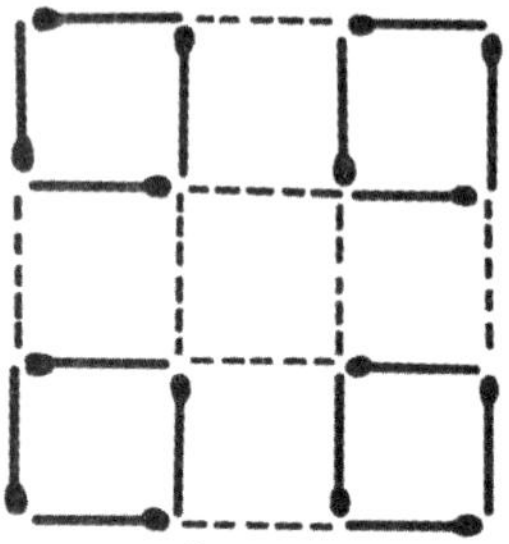

Рис. 107.

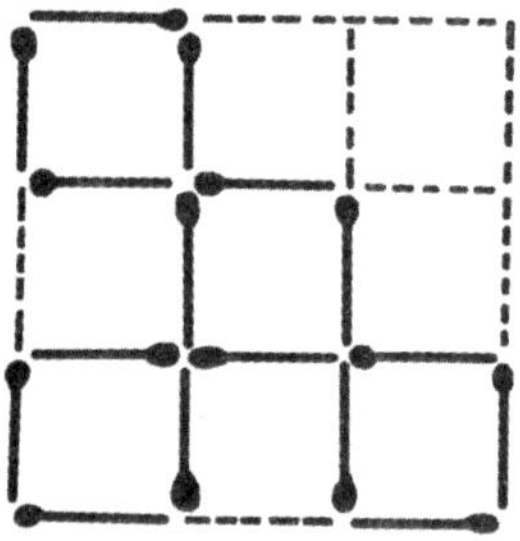

Рис. 108.

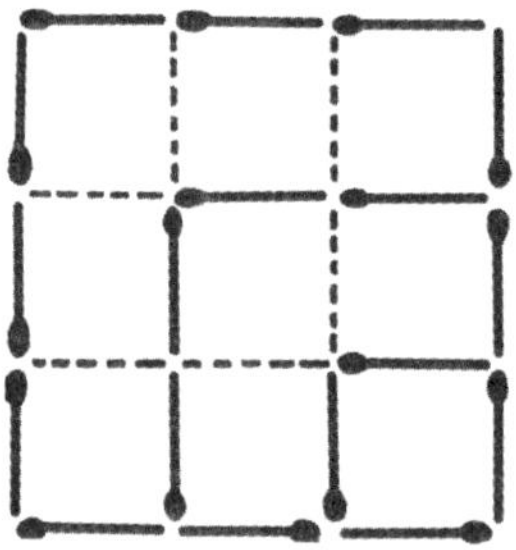

Рис. 109.

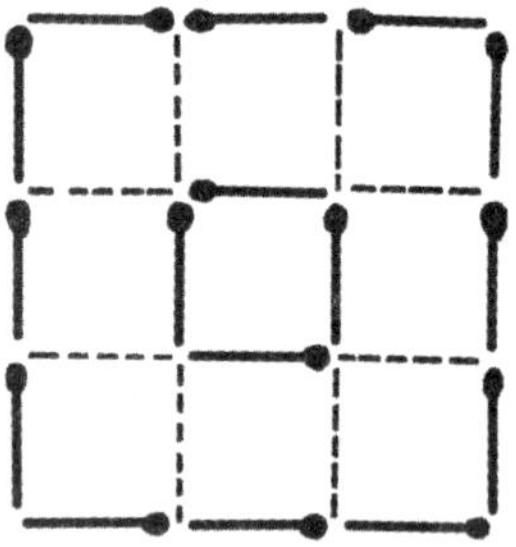

Рис. 110.

* Задача № 13 имеет два решения — рис. 107 и 108 (прим. ред.).

Решение задачи № 16

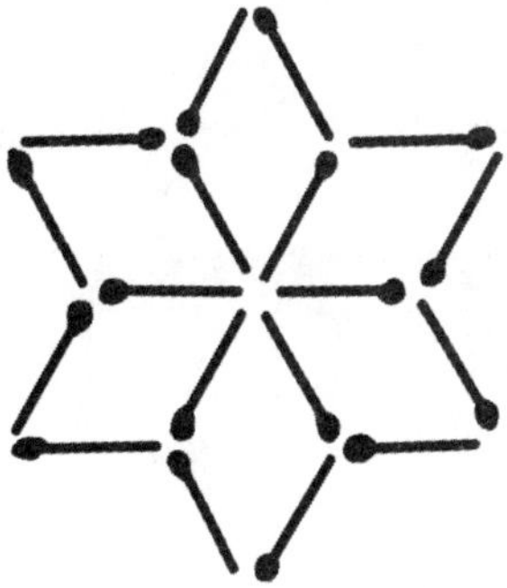

Рис. 111.

Решение задачи № 17

показано на чертеже 112-м. Это равносторонний шестиугольник (но не правильный — углы не равны).

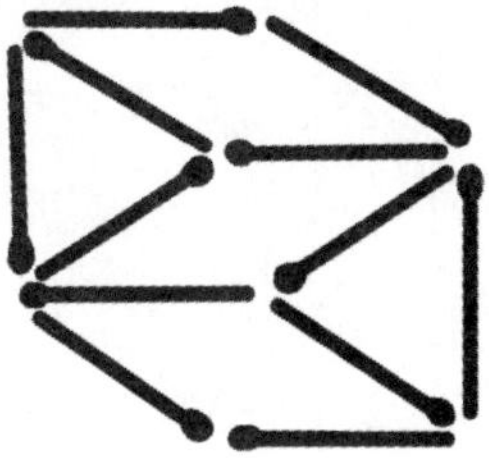

Рис. 112.

Решение задачи № 18

показано на чертеже 113-м. Площадь левой фигуры заключает два квадрата, каждый со сторонами в 1 спичку. Правый четырехугольник

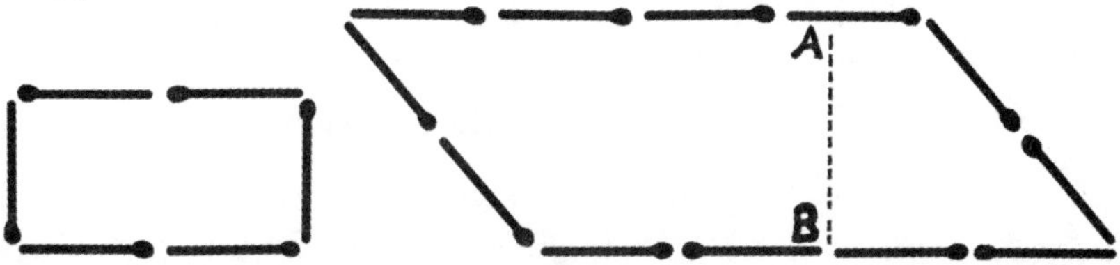

Рис. 113.

представляет собою параллелограмм, высота которого $AB = 1\frac{1}{2}$ спичкам. Площадь его по правилам геометрии равна его основанию, умноженному на высоту: $4 \cdot 1\frac{1}{2} = 6$, — т. е. втрое больше площади левого четырехугольника.

Решения задач №№ 19 и 20

наглядно показаны на прилагаемых чертежах 114 и 115.

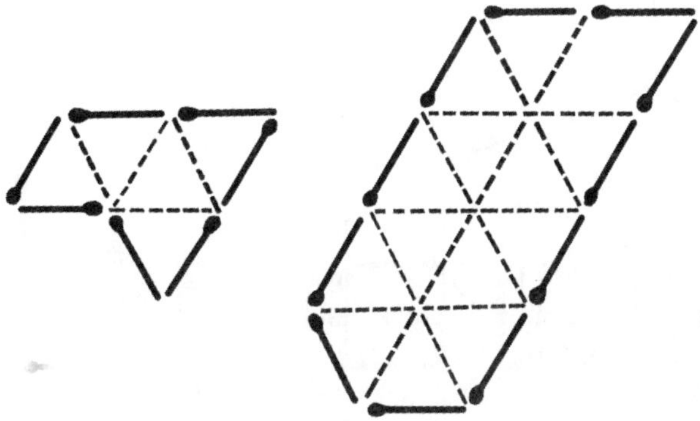

Рис. 114.

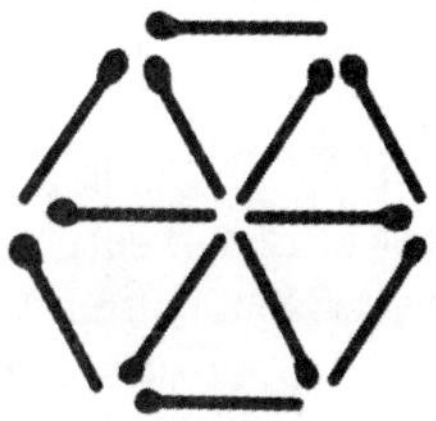

Рис. 115.

ГЛАВА ТРЕТЬЯ

ВЕС И ВЗВЕШИВАНИЕ

Задача № 21

Вес бревна

Круглое бревно весит тридцать килограммов. Сколько весило бы оно, если бы было вдвое толще, но вдвое короче?

Задача № 22

Десятичные весы

Сто килограммов железных гвоздей уравновешены на десятичных весах железными гирями. Весы затопило водой. Сохранили ли они равновесие и под водой?

Задача № 23

Вес бутылки

Бутылка, наполненная керосином, весит 1000 граммов. Та же бутылка, наполненная кислотой, весит 1600 граммов. Кислота вдвое тяжелее керосина.

Сколько весит бутылка?

Задача № 24

Брусок мыла

На одной чашке весов лежит брусок мыла, на другой — ¾ такого же бруска и еще ¾ килограмма. Весы в равновесии.

Сколько весит целый брусок мыла?

Постарайтесь решить эту несложную задачу устно, без карандаша и бумаги.

Рис. 116. Сколько весит брусок мыла?

Задача № 25

Кошки и котята

Из прилагаемого рисунка 117-го вы усматриваете, что
4 кошки и 3 котенка весят 15 килограммов, а
3 кошки и 4 котенка весят 13 килограммов.
Сколько же весит каждая кошка и каждый котенок в отдельности? Постарайтесь и эту задачу решить устно.

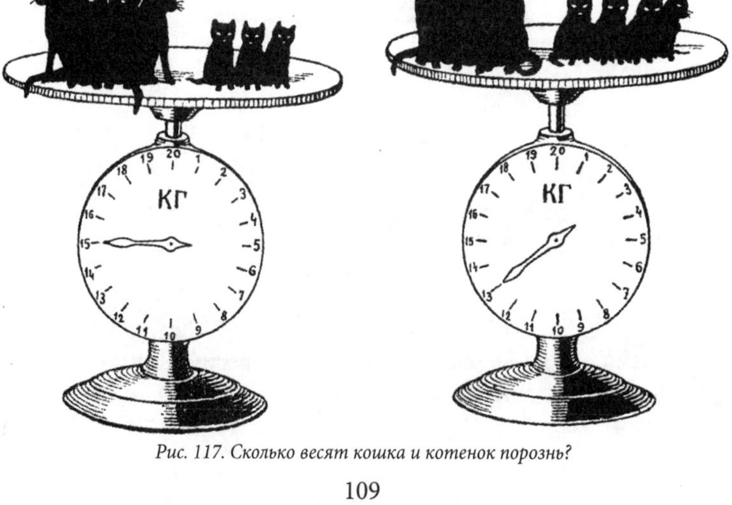

Рис. 117. Сколько весят кошка и котенок порознь?

Задача № 26

Раковина и бусины

Рисунок 118-й показывает вам, что 3 детских кубика и 1 раковина уравновешиваются 12-ю бусинами и что, далее, 1 раковина уравновешивается 1 кубиком и 8-ю бусинами.

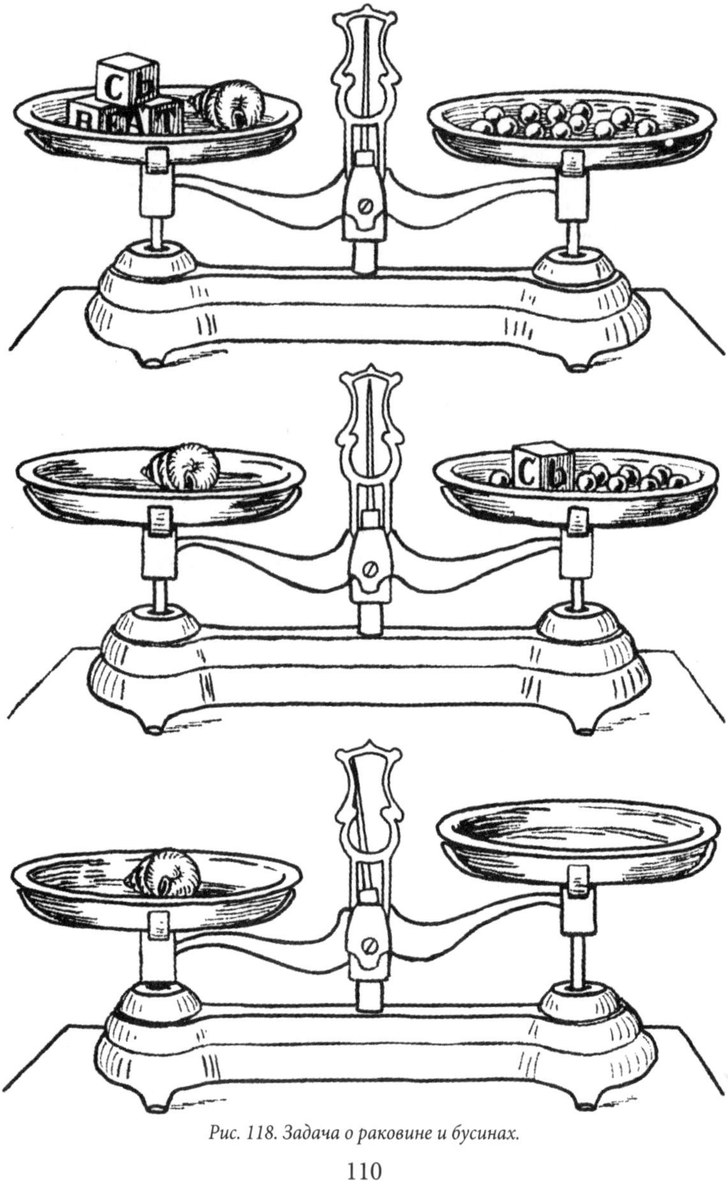

Рис. 118. Задача о раковине и бусинах.

Сколько же бусин нужно положить на свободную чашку весов, чтобы уравновесить раковину на другой чашке?

Задача № 27

Вес фруктов

Вот еще задача в том же роде. Рисунок 119-й показывает, что
3 яблочка и 1 груша весят столько, сколько 10 персиков, а
6 персиков и 1 яблочко весят столько, сколько 1 груша.
Сколько же персиков надо взять, чтобы уравновесить одну грушу?

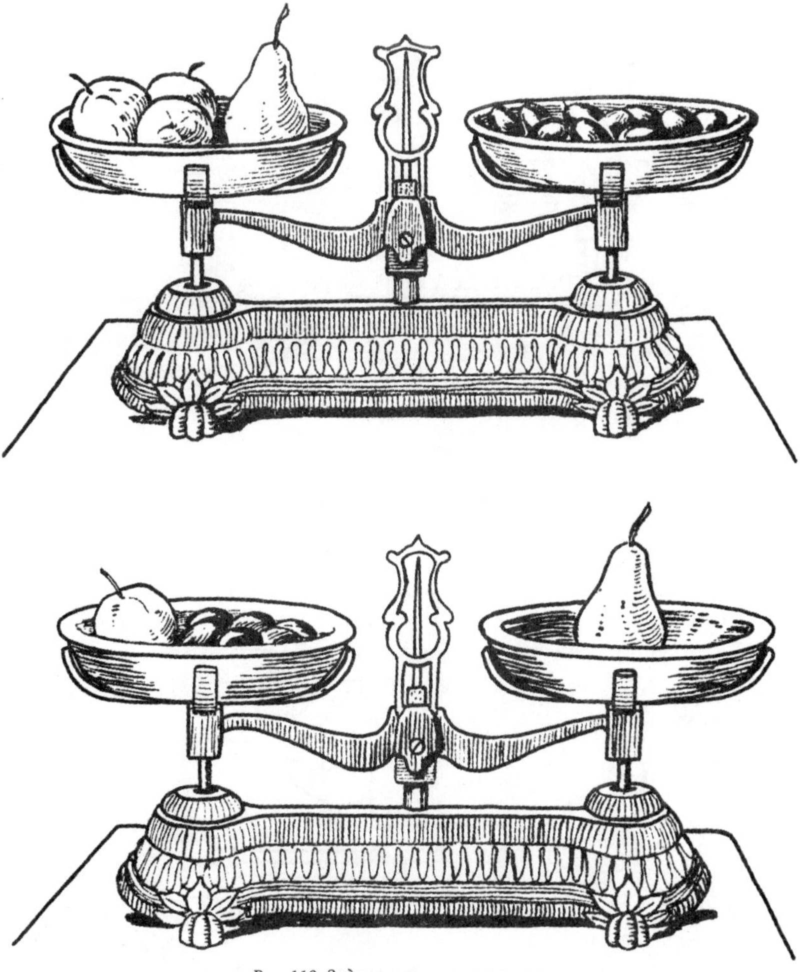

Рис. 119. Задача о груше и персиках.

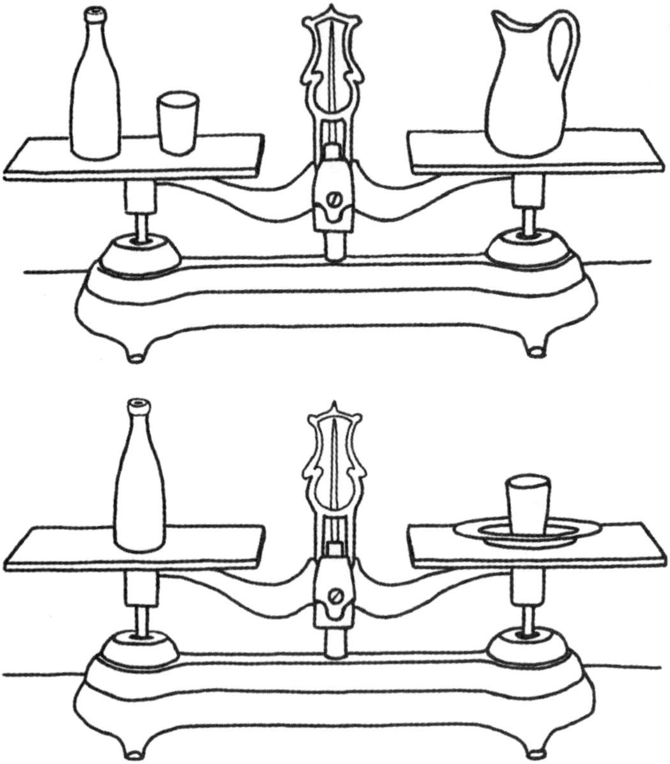

Рис. 120-а. Задача о стаканах и бутылке.

Задача № 28

Сколько стаканов?

На рисунках 120-а и 120-б вы видите, что

бутылка и стакан уравновешиваются кувшином;

бутылка сама по себе уравновешивается стаканом и блюдцем;

два кувшина уравновешиваются тремя блюдцами.

Сколько надо поставить стаканов на свободную чашку весов, чтобы уравновесить бутылку?

Задача № 29

Гирей и молотком

Надо развесить 2 килограмма сахарного песку на 200-граммовые пакеты. Имеется только одна 500-граммовая гиря да еще молоток, весящий 900 граммов.

Как получить все 10 пакетов, пользуясь этой гирей и молотком?

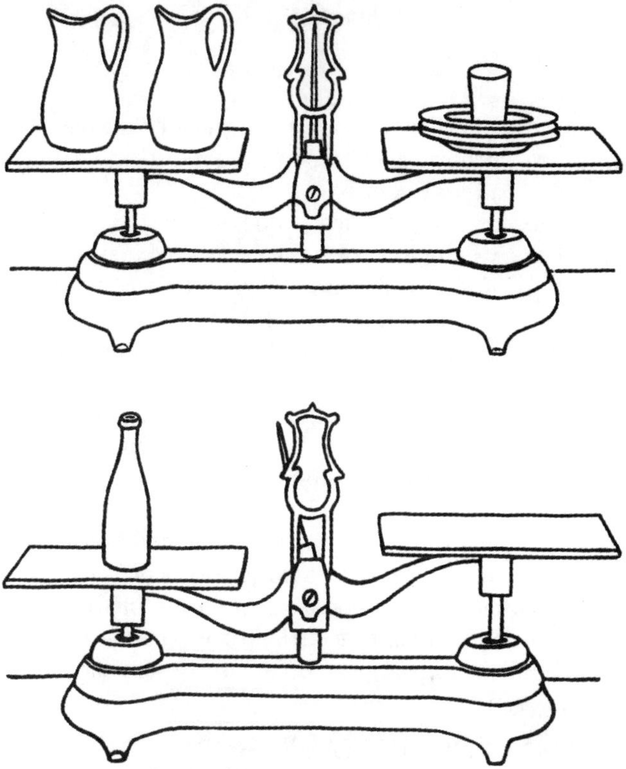

Рис. 120-б. Чем уравновесить бутылку?

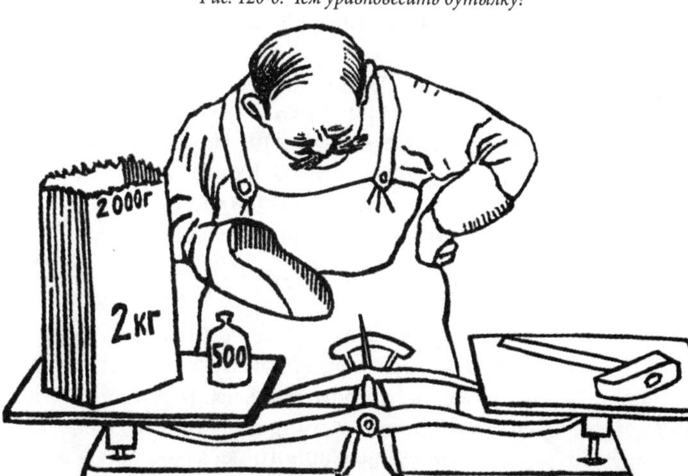

Рис. 121. Затруднение при развешивании.

Задача № 30

Задача Архимеда

Самая древняя из головоломок, относящихся к взвешиванию, — без сомнения, та, которую древний правитель сиракузский Гиерон задал знаменитому математику Архимеду.

Предание повествует, что Гиерон поручил мастеру изготовить венец для одной статуи и приказал выдать ему необходимое количество золота и серебра. Когда венец был доставлен, взвешивание показало, что он весит столько же, сколько весили вместе выданные золото и серебро. Однако правителю донесли, что мастер утаил часть золота, заменив его серебром. Гиерон призвал Архимеда и предложил ему определить, сколько золота и сколько серебра заключает изготовленная мастером корона. Архимед решил эту задачу, исходя из того, что чистое золото теряет в воде 20-ю долю своего веса, а серебро — 10-ю долю.

Если вы желаете попытать свои силы на подобной задаче, примите, что мастеру было отпущено 8 килограммов золота и 2 кг серебра, и что когда Архимед взвесил корону под водой, она весила не 10 кг, а всего 9¼ кг. Попробуйте определить по этим данным, сколько золота утаил мастер. Венец предполагается изготовленным из сплошного металла, без пустот.

РЕШЕНИЯ ЗАДАЧ №№ 21—30

Решение задачи № 21

Обыкновенно отвечают, что бревно, увеличенное в толщину вдвое, но вдвое же укороченное, не должно изменить своего веса. Однако это неверно. От увеличения поперечника вдвое объем круглого бревна увеличивается *вчетверо*; от укорочения же вдвое объем уменьшается всего в *два* раза. Поэтому толстое короткое бревно должно быть вдвое тяжелее длинного тонкого, т. е. весить 60 килограммов.

Решение задачи № 22

При погружении в воду железная вещь (сплошная) теряет 8-ю долю своего веса*. Поэтому гири под водой будут иметь ⅞ прежнего веса, гвозди — также ⅞ своего прежнего веса. И так как гири были в 10 раз легче гвоздей, то и под водой они легче их в 10 раз. Следовательно, десятичные весы останутся и под водой в равновесии.

* Я не сообщил этой цифры в условии задачи потому, что сама величина потери — 8-я, или 10-я, или 20-я часть — для решения задачи не имеет значения.

Решение задачи № 23

Из условия задачи мы знаем, что, во-первых,

вес бутылки + вес керосина = 1000 граммов.

А во-вторых, так как кислота вдвое тяжелее керосина, мы знаем, что

вес бутылки + двойной вес керосина = 1600 граммов.

Отсюда ясно, что разница в весе 1600 – 1000, т. е. 600 граммов, есть вес керосина в объеме бутылки. Но бутылка вместе с керосином весит 1000 граммов; значит, бутылка весит 1000 – 600 = 400 граммов.

Действительно: вес кислоты (1600 – 400 = 1200 г) оказывается вдвое больше веса керосина.

Решение задачи № 24

¾ бруска мыла + ¾ килограмма весят столько, сколько целый брусок. Но в целом бруске содержится ¾ бруска + ¼ бруска. Значит, ¼ бруска весит ¾ килограмма. И следовательно, целый брусок весит в четыре раза больше, чем ¾ кг, т. е. 3 килограмма.

Решение задачи № 25

Сравнивая оба взвешивания, легко видеть, что от замены одной кошки одним котенком вес груза уменьшился на 15 – 13, т. е. на 2 кг. Отсюда следует, что кошка тяжелее котенка на 2 кг. Зная это, заменим при первом взвешивании всех четырех кошек котятами: у нас будет тогда всех 4 + 3 = 7 котят, а стрелка весов вместо 15 килограммов покажет на 2 · 4, т. е. на 8 кг меньше. Значит, 7 котят весят 15 – 8 = 7 килограммов.

Отсюда ясно, что котенок весит 1 килограмм, взрослая же кошка 1 + 2 = 3 килограмма.

Решение задачи № 26

Сравним первое и второе взвешивание. Вы видите, что раковину при первом взвешивании мы можем заменить 1 кубиком и 8 бусинами, потому что они имеют одинаковый вес. У нас оказалось бы тогда на левой чашке 4 кубика и 8 бусин, и это уравновешивалось бы 12 бусинами. Сняв теперь с каждой чашки по 8 бусин, мы не нарушим равновесия; останется же у нас на левой чашке 4 кубика, на правой — 4 бусины. Значит, кубик и бусина весят одинаково.

Теперь ясно, сколько бусин весит раковина: заменив (второе взвешивание) 1 кубик на правой чашке бусиной, узнаем, что

вес раковины = весу 9 бусин.

Результат наш легко проверить: замените при первом взвешивании кубики и раковины на левой чашке соответственным числом бусин: получите 3 + 9 = 12, как и должно быть.

Решение задачи № 27

Заменим при первом взвешивании 1 грушу 6-ю персиками и яблочком: мы вправе это сделать, так как груша весит столько же, сколько 6 персиков и яблочко. У нас окажется на левой чашке 4 яблочка и 6 персиков, на правой — 10 персиков. Сняв с обеих чашек по 6 персиков, узнаем, что 4 яблочка весят столько, сколько и 4 персика. Другими словами, один персик весит столько же, сколько одно яблочко. Теперь легко уже сообразить, что вес груши равен весу 7 персиков.

Решение задачи № 28

Задачу эту можно решать на разные лады. Вот один из способов.

Заменим при третьем взвешивании каждый кувшин 1 бутылкой и 1 стаканом (из первого взвешивания мы видим, что весы при этом должны оставаться в равновесии). Мы узнаем тогда, что 2 *бутылки* и 2 *стакана* уравновешиваются 3 *блюдцами*. Каждую бутылку мы, на основании второго взвешивания, можем заменить 1 стаканом и 1 блюдцем. Окажется тогда, что

4 *стакана* и 2 *блюдца* уравновешиваются 3 *блюдцами*.

Сняв с каждой чашки весов по 2 блюдца, узнаем, что

4 *стакана* уравновешиваются 1 *блюдцем*.

И следовательно, бутылка уравновешивается (ср. второе взвешивание) 5 стаканами.

Решение задачи № 29

Порядок отвешивания таков. Сначала кладут на одну чашку молоток, на другую гирю и столько сахарного песку, чтобы чашки уравновесились; ясно, что насыпанный на эту чашку песок весит $900 - 500 = 400$ граммов. Ту же операцию выполняют еще 3 раза; остаток песка весит $2000 - (4 \cdot 400) = 400$ граммов.

Теперь остается только каждый из пяти полученных 400-граммовых пакетов разделить пополам, на два равных по весу пакета. Делается это без гирь, очень просто: рассыпают содержимое 400-граммового пакета в два картуза, поставленные на разные чашки, пока весы не уравновесятся.

Решение задачи № 30

Если бы заказанный венец был сделан целиком из чистого золота, он весил бы вне воды 10 кг, а под водой потерял бы 20-ю долю этого веса, т. е. полкилограмма. В действительности же венец, мы знаем, теряет в воде не ½ кг, а $10 - 9\frac{1}{4} = \frac{3}{4}$ кг. Это потому, что он содержит в себе серебро — металл, теряющий в воде не 20-ю, а 10-ю долю своего веса. Серебра должно быть в венце столько, чтобы венец терял в воде не $\frac{1}{2}$ кг, а $\frac{3}{4}$ кг — на $\frac{1}{4}$ кг более. Если в нашем чисто золотом венце заменим мысленно 1 кг золота серебром, то венец будет терять в воде больше, нежели прежде, на $\frac{1}{10} - \frac{1}{20} = \frac{1}{20}$ кг. Следовательно, чтобы получилось требуемое увеличение потери веса на $\frac{1}{4}$ кг, необходимо заменить серебром столько килограммов золота, сколько раз $\frac{1}{20}$ кг содержится в $\frac{1}{4}$ кг; но $\frac{1}{4} : \frac{1}{20} = 5$. Итак, в венце было 5 кг серебра и 5 кг золота, — вместо выданных 2 кг серебра и 8 кг золота. Три килограмма золота было утаено и заменено серебром.

ГЛАВА ЧЕТВЕРТАЯ

ЗАДАЧИ С КВАДРАТАМИ

Задача № 31

Пруд

Имеется квадратный пруд (рис. 122). По углам его, близ самой воды, растет 4 старых развесистых дуба. Пруд понадобилось расширить, сделать вдвое больше по площади, сохраняя квадратную форму. Но вековых дубов трогать не желают. Можно ли расширить пруд до требуемых размеров так, чтобы все 4 дуба, оставаясь на своих местах, не были затоплены водой, а стояли бы у берегов нового пруда?

Рис. 122. Задача о пруде.

Задача № 32

Паркетчик

Паркетчик, вырезая квадраты из дерева, проверял их так: он сравнивал длины их сторон, и если все четыре стороны были равны, то считал квадрат вырезанным правильно.

Надежна ли такая проверка?

Задача № 33

Другой паркетчик

Другой паркетчик проверял свою работу иначе. Он мерил не стороны, а диагонали (т. е. те косые линии, которые, перекрещиваясь, соединяют углы). Если обе диагонали оказывались равными, паркетчик считал квадрат вырезанным правильно.

Вы тоже так думаете?

Задача № 34

Третий паркетчик

Третий паркетчик при проверке квадратов убеждался в том, что все 4 части, на которые диагонали разделяют друг друга (черт. 123), равны между собой. По его мнению, это доказывало, что вырезанный четырехугольник есть квадрат.

А по-вашему?

Рис. 123.

Задача № 35

Белошвейка

Белошвейке нужно отрезать кусок полотна в форме квадрата. Отрезав, она проверяет свою работу тем, что перегибает четырехугольный кусок по диагонали и смотрит, совпадают ли края. Если совпадают, значит — решает она — отрезанный кусок имеет в точности квадратную форму.

Так ли?

Задача № 36

Еще белошвейка

Другая белошвейка не довольствовалась проверкой своей подруги. Она перегибала отрезанный четырехугольник сначала по одной диагонали, затем, расправив полотно, перегибала по другой. И только если края фигуры совпадали в обоих случаях, она считала квадрат вырезанным правильно.

Что скажете вы о такой проверке?

Задача № 37

Затруднение столяра

Рис. 124. Затруднение столяра.

У молодого столяра имеется пятиугольная доска, изображенная на рисунке 124-м. Вы видите, что она как бы составлена из квадрата и приложенного к нему треугольника, который вчетверо меньше этого квадрата. Столяру нужно — ничего не убавляя от доски и ничего к ней не прибавляя, — превратить ее в квадратную. Для этого необходимо, конечно, распилить ее раньше на части. Наш молодой столяр так и намерен сделать, но он желает разделить доску не более чем по двум прямым линиям.

Возможно ли двумя прямыми линиями разрезать нашу фигуру на такие части, из которых составлялся бы квадрат? И если возможно, то как это сделать?

Задача № 38

Все человечество внутри квадрата

В настоящее время (1924 г.) на всем земном шаре насчитывается 1800 миллионов человек:

1 800 000 000.

Представьте, что все люди, живущие на свете, собрались сплошной толпой на одном ровном месте. Вы желаете поместить их на квадратном участке, отводя по квадратному метру на каждые двадцать человек (плотно прижавшись друг к другу, 20 человек могут на таком квадрате поместиться).

Попробуйте, не вычисляя, оценить на глаз, каких приблизительно размеров квадрат понадобился бы для этого. Достаточно ли будет, например, отвести квадрат со стороною 100 километров?

Задача № 39

Сомнительные квадраты

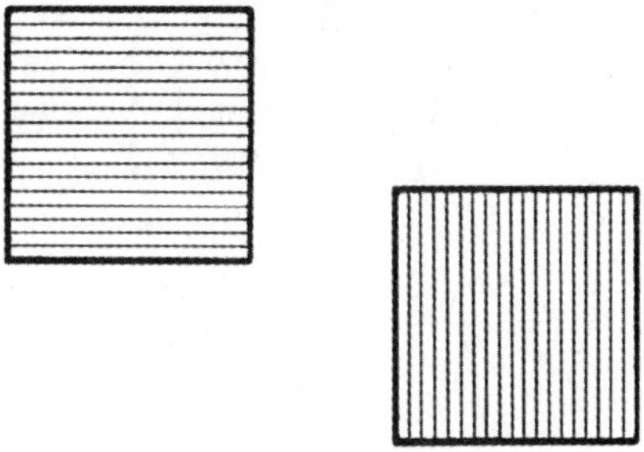

Рис. 125.

Учитель черчения задал школьнику работу: начертить два равных квадрата и заштриховать их. Школьник выполнил работу так, как показано на рис. 125-м.

Он был уверен, что это квадраты, и притом равные.

Почему он так думал?

Задача № 40

Темные пятна

Рис. 126.

Другой школьник должен был начертить несколько рядов черных квадратов, разделенных белыми полосками.

Вот как он выполнил эту работу.

Вы видите, однако, что близ углов квадратов, в том месте, где пересекаются белые полоски, имеются темноватые пятна. Школьник уверял, что он их не делал.

Откуда же они взялись?

РЕШЕНИЯ ЗАДАЧ №№ 31—40

Решение задачи № 31

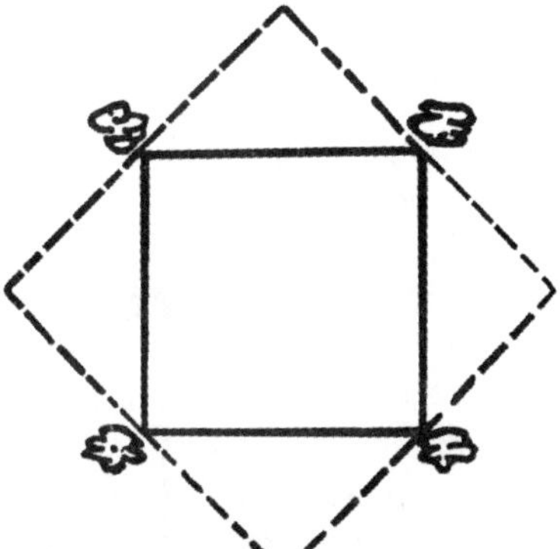

Рис. 127.

Расширить площадь пруда вдвое, сохраняя его квадратную форму и не трогая дубов, — вполне возможно. На чертеже 127-м показано, как это сделать: надо копать так, чтобы дубы оказались против середины сторон нового квадрата. Легко убедиться, что новая площадь вдвое больше прежней: достаточно лишь провести диагонали в прежнем пруде и сосчитать образующиеся при этом треугольники.

Решение задачи № 32

Такая поверка недостаточна. Четырехугольник мог выдержать это испытание и не будучи квадратом. Вы видите на чертеже 128-м примеры таких четырехугольников, у которых все стороны равны,

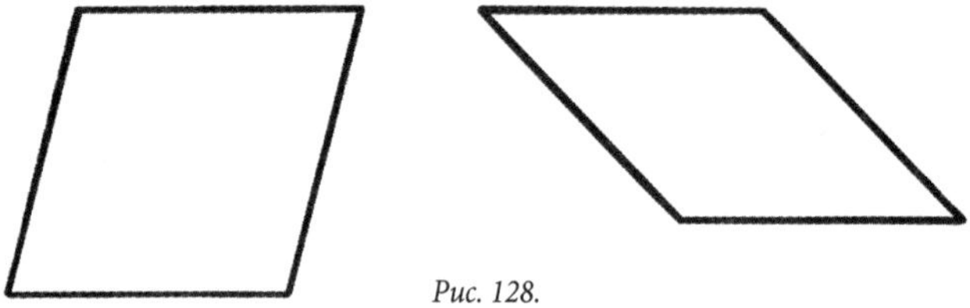

Рис. 128.

но углы не прямые. В геометрии фигуры с 4 равными сторонами называются *ромбами*. Каждый квадрат есть ромб, но не каждый ромб есть квадрат.

Решение задачи № 33

Эта поверка так же ненадежна, как и первая. В квадрате, конечно, диагонали равны, — но не всякий четырехугольник с равными диагоналями есть квадрат, — как видно из фигур, представленных на чертеже 129-м.

Паркетчикам следовало бы применять к каждому вырезанному четырехугольнику обе проверки сразу, — тогда они могли быть уверены, что работа сделана правильно. Всякий ромб, у которого диагонали равны одна другой, есть непременно квадрат.

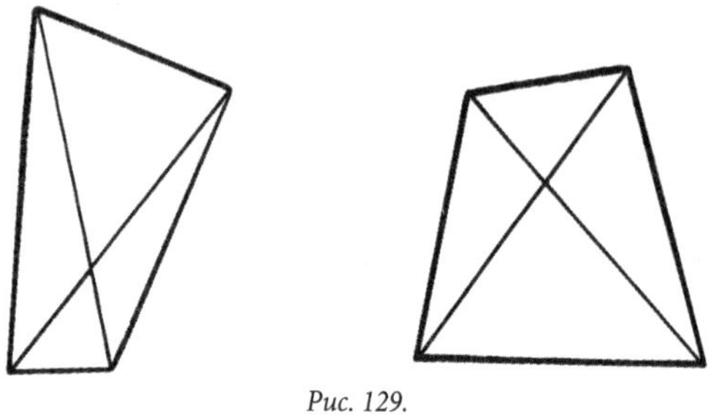

Рис. 129.

Решение задачи № 34

Поверка могла показать только то, что проверяемый четырехугольник имеет прямые углы, т. е. что он прямоугольник. Но равны ли его стороны — этого проверка не удостоверяла, как видно из чертежа 130-го.

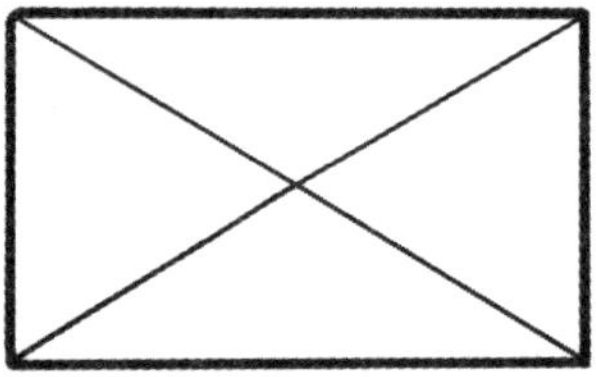

Рис. 130.

Решение задачи № 35

Проверка недостаточна. Здесь (черт. 131) начерчено несколько четырехугольников, края которых при перегибании по диагонали совпадают. И все-таки это — не квадраты.

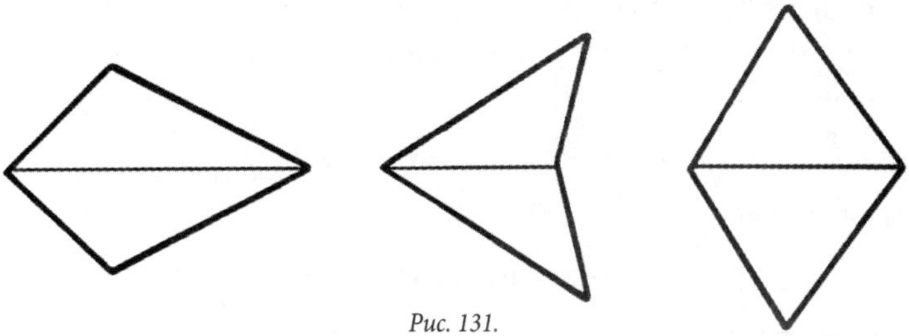

Рис. 131.

Такой проверкой можно убедиться только в том, что фигура симметрична, но не более.

Решение задачи № 36

Эта проверка не лучше предыдущей. Вы можете вырезать из бумаги сколько угодно четырехугольников, которые выдержат эту поверку, — хотя они вовсе не квадраты.

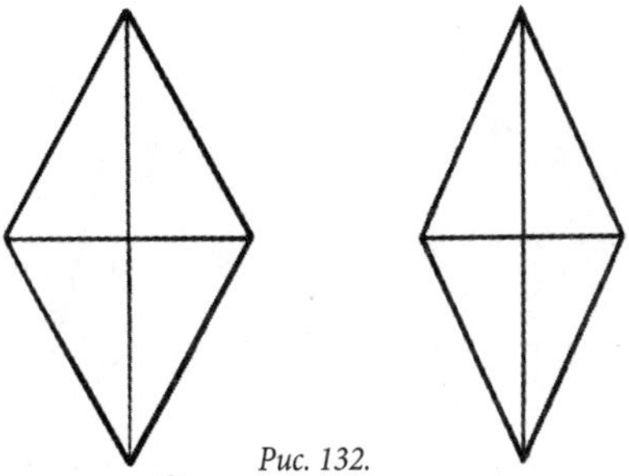

Рис. 132.

У этих фигур все стороны равны (это ромбы), но углы не прямые — это не квадраты.

Чтобы действительно убедиться, квадратной ли формы отрезанный кусок, нужно, кроме того, проверить также, равны ли их диагонали (или углы).

Решение задачи № 37

Одна линия должна идти от вершины *c* к середине стороны *de*, другая — от этой середины к вершине *a*. Из полученных трех кусков 1, 2 и 3 составляется квадрат, как показано на чертеже (рис. 133).

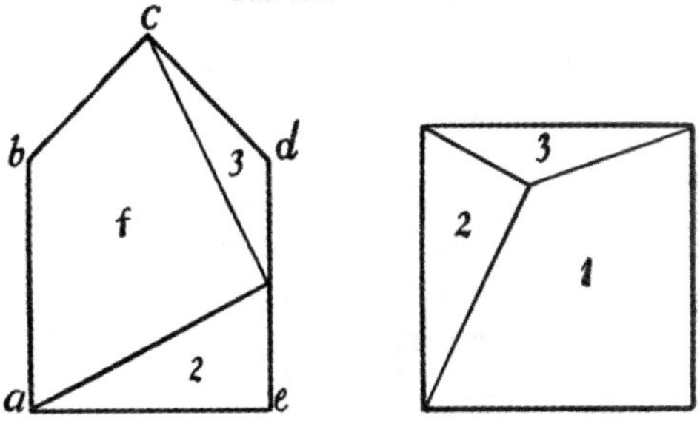

Рис. 133.

Решение задачи № 38

Сторона квадрата должна быть раз в десять меньше 100 километров. Действительно, квадрат со стороною 10 километров (километр

почти равен версте) заключает 10 000 · 10 000 = 100 000 000 кв. метров. Если на каждом квадратном метре поместить 20 человек, то квадрат указанных размеров вместил бы
100 000 000 · 20 = 2 000 000 000 человек, а это больше 1 800 000 000, т. е. населения земного шара.

Итак, чтобы поместить все человечество, достаточен квадрат со стороною менее 10 километров.

Решение задачи № 39

Квадраты действительно равны.

Решение задачи № 40

Темных пятен никто не делал — их в действительности и нет. Мы видим их только вследствие обмана зрения.

ГЛАВА ПЯТАЯ

ЗАДАЧИ О ЧАСАХ

Задача № 41

Когда стрелки встречаются?

В 12 часов одна стрелка покрывает другую. Но вы замечали, вероятно, что это не единственный момент, когда стрелки часов встречаются: они настигают друг друга в течение дня несколько раз.

Можете ли вы указать все те моменты, когда это случается?

Задача № 42

Когда стрелки направлены врозь?

В 6 часов, наоборот, обе стрелки направлены в противоположные стороны. Но только ли в 6 часов это бывает или же есть и другие моменты, когда стрелки так расположены?

Задача № 43

В котором часу?

В котором часу минутная стрелка опережает часовую ровно на столько же, на сколько часовая находится впереди числа XII на циферблате? А может быть, таких моментов бывает в день несколько? Или же вовсе не бывает?

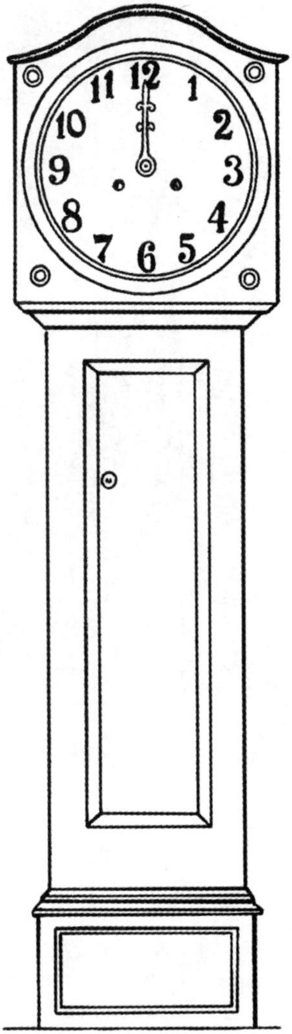

Рис. 134.

Задача № 44

Наоборот

Если вы внимательно наблюдаете за часами, то, быть может, вам случалось наблюдать и как раз обратное расположение стрелок, чем сейчас описано: часовая стрелка опережает минутную на столько же, на сколько минутная продвинулась вперед от числа XII. Когда же это бывает?

Задача № 45

По обе стороны шести

Я взглянул на часы и заметил, что обе стрелки отстоят от цифры VI по обе ее стороны одинаково. В котором часу это было?

Рис. 135.

Рис. 136.

Задача № 46

Три и семь

Часы бьют три, и, пока они бьют, проходят три секунды. Сколько же времени должны употребить часы, чтобы пробить семь?

На всякий случай предупреждаю, что это — не задача-шутка и никакой ловушки не скрывает.

Задача № 47

Часы-компас

Теперь за границей не редкость карманные часы, циферблат которых разделен не на 12, а на 24 части, с обозначением от I до XXIV часов. Часовая стрелка таких часов описывает полный круг не в 12, а в 24 часа.

Такими часами можно в ясные дни пользоваться взамен компаса.

Как?

Задача № 48

О том же

А нельзя ли, за неимением компаса, воспользоваться и нашими обыкновенными карманными часами, чтобы в ясный день определить по ним, хотя бы приблизительно, страны света?

Задача № 49

Цифра шесть

Спросите кого-нибудь из ваших знакомых постарше, как давно обладает он карманными часами. Положим, окажется, что часы у него уже 15 лет. Продолжайте тогда разговор примерно в таком духе:

— А по скольку раз в день взглядываете вы на свои часы?

— Раз двадцать, вероятно, или около того, — последует ответ.

— Значит, в течение года вы смотрите на свои часы не менее 6000 раз, а за 15 лет видели их циферблат $6000 \cdot 15$, т. е. чуть не сто тысяч раз. Вещь, которую вы видели сто тысяч раз, вы, конечно, должны знать и помнить отлично.

— Ну разумеется!

— Вам поэтому прекрасно должен быть известен циферблат ваших карманных часов, и вы не затруднитесь изобразить на память, как обозначена на нем цифра шесть.

И вы предлагаете собеседнику бумажку и карандаш.

Он исполняет вашу просьбу, — но... изображает цифру шесть в большинстве случаев совсем не такою, какою обозначена она на его часах.

Почему?

Ответьте на этот вопрос, не взглядывая на ваши карманные часы.

Задача № 50

Тиканье часов

Положите свои карманные часы на стол, отойдите шага на три или на четыре и прислушайтесь к их тиканью. Если в комнате достаточно тихо, то вы услышите, что часы ваши идут словно с перерывами: то тикают короткое время, то на несколько секунд замолкают, то снова начинают идти и т. д.

Чем объясняется такой неравномерный ход?

РЕШЕНИЯ ЗАДАЧ №№ 41—50

Решение задачи № 41

Начнем наблюдать за движением стрелок в XII часов. В этот момент обе стрелки друг друга покрывают. Так как часовая стрелка движется в 12 раз медленнее, чем минутная (она описывает полный круг в 12 часов, а минутная в 1 час), то в течение ближайшего часа стрелки, конечно, встретиться не могут. Но вот прошел час; часовая стрелка стоит у цифры I, сделав $1/12$ долю полного оборота; минутная же сделала полный оборот и стоит снова у XII — на $1/12$ долю круга позади часовой. Теперь условия состязания иные, чем раньше: часовая стрелка движется медленнее минутной, но она впереди, и минутная должна ее догнать. Если бы состязание длилось целый час, то за это время минутная стрелка прошла бы полный круг, а часовая $1/12$ круга, т. е. минутная сделала бы на $11/12$ круга больше. Но чтобы догнать часовую стрелку, минутной нужно пройти больше, чем часовой, только на ту $1/12$ долю круга, которая их отделяет. Для этого потребуется времени не целый час, а меньше во столько раз, во сколько раз $1/12$ меньше $11/12$, т. е. в 11 раз. Значит, стрелки встретятся через $1/11$ часа, т. е. через $60/11 = 5\,5/11$ минуты.

Итак, встреча стрелок случится спустя $5\,5/11$ минуты после того, как пройдет 1 час, т. е. в $5\,5/11$ минут второго.

Когда же произойдет следующая встреча?

Нетрудно сообразить, что это случится спустя 1 час $5\,5/11$ мин, т. е. в 2 часа $10\,10/11$ мин. Следующая — спустя еще 1 час $5\,5/11$ мин, т. е. в 3 часа $16\,4/11$ мин., и т. д. Всех встреч, как легко видеть, будет 11; одиннадцатая наступит через $1\,1/11 \cdot 11 = 12$ часов после первой, т. е. в 12 часов; другими словами, она совпадает с первой встречей, и дальнейшие встречи повторятся снова в прежние моменты.

Вот все моменты встреч:

1-я	встреча	— в	1 ч	$5\frac{5}{11}$ мин
2-я	»	— в	2 »	$10\frac{10}{11}$ »
3-я	»	— в	3 »	$16\frac{4}{11}$ »
4-я	»	— в	4 »	$21\frac{9}{11}$ »
5-я	»	— в	5 »	$27\frac{3}{11}$ »
6-я	»	— в	6 »	$32\frac{8}{11}$ »
7-я	»	— в	7 »	$38\frac{2}{11}$ »
8-я	»	— в	8 »	$43\frac{7}{11}$ »
9-я	»	— в	9 »	$49\frac{1}{11}$ »
10-я	»	— в	10 »	$54\frac{6}{11}$ »
11-я	»	— в	12 часов.	

Решение задачи № 42

Эта задача решается весьма сходно с предыдущей. Начнем опять с 12 часов, когда обе стрелки совпадают. Нужно вычислить, сколько времени потребуется для того, чтобы минутная стрелка обогнала часовую ровно на полкруга, — тогда обе стрелки и будут направлены как раз в противоположные стороны. Мы уже знаем (см. предыдущую задачу), что в течение целого часа минутная стрелка обгоняет часовую на $\frac{11}{12}$ полного круга; чтобы обогнать ее всего на $\frac{1}{2}$ круга, понадобится меньше времени, чем целый час, — меньше во столько раз, во сколько $\frac{1}{2}$ меньше $\frac{11}{12}$, т. е. потребуется всего $\frac{6}{11}$ часа. Значит, после 12 часов стрелки в первый раз располагаются одна против другой спустя $\frac{6}{11}$ часа, или $32\frac{8}{11}$ минуты. Взгляните на часы в $32\frac{8}{11}$ минуты первого, и вы убедитесь, что стрелки направлены в противоположные стороны.

Единственный ли это момент, когда стрелки так расположены? Конечно, нет. Такое положение стрелки занимают спустя $32\frac{8}{11}$ минуты *после каждой встречи*. А мы уже знаем, что встреч бывает 11 в течение двенадцати часов; значит, и располагаются стрелки врозь тоже 11 раз в течение 12 часов. Найти эти моменты нетрудно:

$$12 \text{ ч} + 32\tfrac{8}{11} \text{ мин} = 12 \text{ ч } 32\tfrac{8}{11} \text{ мин}$$
$$1 \text{ ч } 5\tfrac{5}{11} \text{ мин} + 32\tfrac{8}{11} \text{ мин} = 1 \text{ ч } 38\tfrac{2}{11} \text{ мин}$$
$$2 \text{ ч } 10\tfrac{10}{11} \text{ мин} + 32\tfrac{8}{11} \text{ мин} = 2 \text{ ч } 43\tfrac{7}{11} \text{ мин}$$
$$3 \text{ ч } 16\tfrac{4}{11} \text{ мин} + 32\tfrac{8}{11} \text{ мин} = 3 \text{ ч } 49\tfrac{1}{11} \text{ мин и т. д.}$$

Вычислить остальные моменты предоставляю вам самим.

Решение задачи № 43

Если начать следить за стрелками ровно в 12 часов, то в течение первого часа мы искомого расположения не заметим. Почему?

Потому что часовая стрелка проходит $\frac{1}{12}$ того, что проходит минутная, и, следовательно, отстает от нее гораздо больше, чем требуется для искомого расположения. На какой бы угол ни отошла от XII минутная стрелка, часовая повернется на $\frac{1}{12}$ этого угла, а не на $\frac{1}{2}$, как нам требуется. Но вот прошел час; теперь минутная стрелка стоит у XII, часовая — у I, на $\frac{1}{12}$ полного оборота впереди минутной. Посмотрим, не может ли такое расположение стрелок наступить в течение второго часа. Допустим, что момент этот наступил тогда, когда часовая стрелка отошла от цифры XII на долю оборота, которую мы обозначаем через x. Минутная стрелка успела за то же время пройти в 12 раз больше, т. е. $12 \cdot x$. Если вычесть отсюда один полный оборот, то остаток $12 \cdot x - 1$ должен быть вдвое больше, чем x, т. е. равняться $2 \cdot x$. Мы видим, следовательно, что $12 \cdot x - 1 = 2 \cdot x$, откуда следует, что 1 целый оборот равен $10 \cdot x$ (действительно: $12 \cdot x - 10 \cdot x = 2 \cdot x$). Но если $10 \cdot x$ = целому обороту, то одно $x = \frac{1}{10}$ части оборота. Вот и решение задачи: часовая стрелка отошла от цифры XII на $\frac{1}{10}$ полного оборота, на что требуется $\frac{12}{10}$ часов, или 1 час 12 мин. Минутная стрелка при этом будет вдвое дальше от XII, т. е. на расстоянии $\frac{1}{5}$ оборота; это отвечает $\frac{60}{5} = 12$ минутам, — как и должно быть.

Мы нашли одно решение задачи. Но есть и другие: стрелки в течение двенадцати часов располагаются таким же образом не один раз, а несколько. Попытаемся найти остальные решения.

Для этого дождемся двух часов; минутная стрелка стоит у XII, а часовая — у II. Рассуждая по-предыдущему, получаем равенство

$$12 \cdot x - 2 = 2 \cdot x,$$

откуда 2 целых оборота равны $10 \cdot x$ и, значит, $x = \frac{1}{5}$ целого оборота. Это соответствует моменту $\frac{12}{5}$ = 2 ч 24 мин.

Дальнейшие моменты вы легко вычислите сами. Тогда вы найдете, что стрелки располагаются согласно требованию задачи в следующие 10 моментов:

в 1 ч 12 мин	в 7 ч 12 мин
в 2 » 24 »	в 8 » 24 »
в 3 » 36 »	в 9 » 36 »
в 4 » 48 »	в 10 » 48 »
в 6 часов	в 12 часов.

Ответы «в 6 часов» и «в 12 часов» могут показаться неверными, — но только с первого взгляда. Действительно: в 6 часов часовая стрелка стоит у VI, минутная же — у XII, т. е. ровно вдвое дальше. В 12 же часов часовая стрелка удалена от XII на нуль, а минутная, если хотите, на «два нуля» (потому что двойной нуль — то же, что и нуль); значит, и этот случай, в сущности, удовлетворяет условию задачи.

Решение задачи № 44

После предыдущих разъяснений решить эту задачу уже не трудно. Легко сообразить, рассуждая как прежде, что в первый раз требуемое расположение стрелок будет в тот момент, который определяется равенством

$$12 \cdot x - 1 = \frac{x}{2},$$

откуда $1 = 11\frac{1}{2} \cdot x$, или $x = \frac{2}{23}$ целого оборота, т. е. через $1\frac{1}{23}$ часа после XII. Значит, в 1 час $2\frac{14}{23}$ минуты стрелки будут расположены требуемым образом. Действительно, минутная стрелка должна стоять посредине между XII и $1\frac{1}{23}$ часами, т. е. на $\frac{12}{23}$ часа, что как раз и составляет $\frac{1}{23}$ полного оборота (часовая стрелка пройдет $\frac{2}{23}$ целого оборота).

Второй раз стрелки расположатся требуемым образом в момент, который определится из равенства

$$12 \cdot x - 2 = \frac{x}{2},$$

откуда $2 = 11\frac{1}{2} \cdot x$ и $x = \frac{4}{23}$; искомый момент — 2 ч $5\frac{5}{23}$ мин.

Третий искомый момент — 3 ч $7\frac{19}{23}$ мин и т. д.

Решение задачи № 45

Задача эта решается так же, как и предыдущая. Вообразим, что обе стрелки стояли у XII, и затем часовая отошла от XII на некоторую часть полного оборота, которую мы обозначим буквою x. Минутная стрелка за то же время успела повернуться на $12 \cdot x$. Если времени прошло не больше одного часа, то для удовлетворения требованию нашей задачи необходимо, чтобы минутная стрелка отстояла от конца целого круга на столько же, на сколько часовая стрелка успела отойти от начала; другими словами:

$$1 - 12 \cdot x = x.$$

Отсюда $1 = 13 \cdot x$ (потому что $13 \cdot x - 12 \cdot x = x$). Следовательно, $x = \frac{1}{13}$ доле целого оборота. Такую долю оборота часовая стрелка проходит в $\frac{12}{13}$ часа, т. е. показывает $55\frac{5}{13}$ мин первого. Минутная стрелка в то же время прошла в 12 раз больше, т. е. $\frac{12}{13}$ полного оборота; обе стрелки, как видите, отстоят от XII одинаково, а следовательно, одинаково отодвинуты и от VI по разные стороны.

Мы нашли одно положение стрелок — именно то, которое наступает в течение первого часа. В течение второго часа подобное положение наступит еще раз, мы найдем его, рассуждая по-предыдущему, из равенства

$$1 - (12 \cdot x - 1) = x, \text{ или } 2 - 12 \cdot x = x,$$

откуда $2 = 13 \cdot x$ (потому что $13 \cdot x - 12 \cdot x = x$), и, следовательно, $x = \frac{2}{13}$ полного оборота. В таком положении стрелки будут в $1\frac{11}{13}$ часа, т. е. в $50\frac{10}{13}$ минуты второго.

В третий раз стрелки займут требуемое положение, когда часовая стрелка отойдет от XII на $3/13$ полного круга, т. е. в $2\,10/13$ часа, и т. д. Всех положений 11, причем после VI часов стрелки меняются местами: часовая стрелка занимает те места, в которых была раньше минутная, а минутная становится на места часовой.

Решение задачи № 46

Обычно отвечают — «7 секунд». Но такой ответ, как сейчас увидим, неверен.

Когда часы бьют три, мы наблюдаем два промежутка:

1) между первым и вторым ударом;

2) между вторым и третьим ударом.

Оба промежутка длятся 3 секунды; значит, каждый продолжается вдвое меньше — именно $1\frac{1}{2}$ секунды.

Когда же часы бьют семь, то таких же промежутков бывает 6. Шесть раз по полторы секунды составляют 9 секунд. Следовательно, часы «бьют семь» (т. е. делают 7 ударов) в 9 секунд.

Решение задачи № 47

Солнце при своем кажущемся суточном движении описывает полный круг в 24 часа, — т. е. во столько же времени, как и *часовая* стрелка упомянутых заграничных часов. Поэтому, если в полдень, т. е. в 12 часов дня, расположить циферблат карманных часов так, чтобы часовая стрелка была направлена на солнце, то стрелка эта, двигаясь вместе с солнцем, будет все время указывать на дневное светило.

Отсюда вытекает простой способ отыскивать с помощью часов (конечно, только днем, в безоблачную погоду) то место, где солнце

Рис. 137. Часы в роли компаса.

бывает в полдень, т. е. находить направление на юг. Для этого нужно только расположить циферблат так, чтобы часовая стрелка указывала на солнце; тогда направление на цифру XII укажет, где было солнце в 12 часов, т. е. укажет направление на юг.

Решение задачи № 48

Часовая стрелка обыкновенных часов описывает полный круг не в 24 часа, а в 12 часов, т. е. движется вдвое медленнее, чем солнце по небу. Отсюда легко сообразить (см. предыдущую задачу), как найти направление на юг с помощью обыкновенных карманных часов. Нужно расположить их так, чтобы часовая стрелка была направлена на солнце, и разделить пополам (на глаз) угол между часовой стрелкой и направлением на цифру XII. Линия, делящая этот угол пополам, покажет, где солнце было в полдень, т. е. покажет точку юга.

Решение задачи № 49

Большинство людей в ответ на вопрос нашей задачи рисуют

6 или 9, или: VI или IΛ.

Это показывает, что можно видеть вещь сто тысяч раз и все-таки не знать ее. Дело в том, что обычно на циферблате (мужских часов) цифры шесть вовсе нет, потому что на ее месте помещается секундник*.

Решение задачи № 50

Загадочные перерывы в тиканье часов происходят просто от утомления слуха. Наш слух, утомляясь, притупляется на несколько секунд — и в эти промежутки мы не слышим тиканья. Спустя короткое время утомление проходит, и прежняя чуткость восстанавливается, — тогда мы снова слышим ход часов. Затем наступает опять утомление, и т. д.

* Т. е. дополнительный маленький циферблат, отсчитывающий только секунды (прим. ред.).

ГЛАВА ШЕСТАЯ

НЕОЖИДАННЫЕ ПОДСЧЕТЫ

Задача № 51

Стакан гороху

Вы много раз держали в руках горошину и не менее часто имели дело со стаканом. Размеры того и другого вам должны быть поэтому хорошо знакомы. Представьте же себе теперь стакан, доверху наполненный горохом, и вообразите, что все эти горошины выставлены в один ряд, вплотную одна к другой.

Как вы думаете — был ли бы этот ряд длиннее обеденного стола или короче?

Задача № 52

Листья дерева

Если бы сорвать с какого-нибудь старого дерева — например, с липы — все листья и положить их рядом, без промежутков, то какой приблизительно длины был бы этот ряд? Можно ли было бы, например, окружить им большой дом?

Задача № 53

Миллион шагов

Вы, конечно, очень хорошо знаете, что такое миллион, и столь же хорошо представляете себе длину своего шага. А раз вы знаете то и другое, то вам нетрудно будет ответить на вопрос: как далеко отошли бы вы, сделав миллион шагов? Больше чем на 10 километров или меньше?

Задача № 54

Квадратный метр

Я знал школьника, который, услышав впервые, что в квадратном метре миллион квадратных миллиметров, не хотел этому верить. Никакие разъяснения не были для него убедительны. «Откуда их берется так много? — недоумевал он. — Вот у меня лист миллиметровой бумаги длиною и шириною ровно в метр. Неужели же в этом квадрате целый миллион миллиметровых клеточек? Ни за что не поверю».

— А ты пересчитай, — посоветовали ему.

— И пересчитаю! В воскресенье будет у меня свободное время, я и займусь этим делом.

В воскресенье он встал рано утром и сразу же принялся за счет, аккуратно отмечая точками сосчитанные квадратики. Каждую секунду появлялась новая точка под острием его карандаша; работал он усердно, и дело шло быстро.

Но убедился ли он в этот день, что квадратный метр заключает действительно миллион миллиметровых клеточек?

Задача № 55

Кубический метр

В одной школе учитель задал вопрос: какой высоты получился бы столб, если бы поставить один на другой все миллиметровые кубики, заключающиеся в кубическом метре?

— Это было бы выше Эйфелевой башни (300 метров)! — воскликнул один школьник.

— Даже выше Монблана (5 километров), — ответил другой.

Кто из них ошибался больше?

Задача № 56

Кубический километр

Вообразите кубический ящик высотой в целый километр (немного менее версты). Как вы думаете, сколько таких ящиков понадобилось бы, чтобы вместить тела всех людей, живущих на свете? Примите во внимание, что население земного шара равно 1800 миллионам человек* и что в одном кубическом метре можно уместить средним счетом 5 человеческих тел.

* Напоминаем, что текст написан в 1924 году (прим. ред.).

Задача № 57

Волос

Человеческий волос очень тонок: толщина его — около 20-й доли миллиметра. Но если бы волос был в миллион раз толще, какой примерно ширины был бы он? Один из моих знакомых, которому я задал этот вопрос, ответил, что волос был бы тогда толще круглой комнатной печи; другой утверждал, что волос был бы шириной во всю комнату. Оба, конечно, ошибались, — но кто ошибся больше?

Задача № 58

Сколько портретов?

Нарисуйте портрет на папке и разрежьте его на полосы, как показано на нашем рисунке, — положим, на 9 полос. Если вы умеете хоть немного рисовать, вам нетрудно будет изготовить еще такие же полосы с изображением различных частей лица, — однако так, чтобы каждые две соседние полосы, даже принадлежащие к разным портретам, можно было прикладывать одну к другой без нарушения непрерывности линий. Если вы для каждой части лица приготовите, например, 4 полосы*, у вас будет 28 полос, из которых, складывая по 9, вы сможете составлять разнообразные портреты.

Рис. 138. Составные портреты.

В магазинах, где одно время продавали готовые наборы таких полос (или брусков) для составления портретов, продавцы уверяли покупателей, что из 36 полос можно получить *тысячу* различных физиономий.

Верно ли это?

Задача № 59

Французский замóк

Хотя французский замок известен всем, но устройство его знают лишь немногие. Поэтому часто приходится слышать сомнения в том,

* Их удобнее всего наклеивать на четыре стороны квадратного бруска.

чтобы могло существовать большое число различных французских замков и ключей к ним. Достаточно, однако, познакомиться с остроумным механизмом этих замков, чтобы убедиться в возможности разнообразить их в достаточной степени.

Рис. 139.

Рис. 139-й изображает французский замок, как мы его видим «с лица» (кстати, — название «французский» совершенно неправильно, так как родина этих замков Америка, а изобрел их американец Йэль, — почему на всех таких замках и ключах имеется надпись «Yale»). Вы видите вокруг замочной скважины небольшой кружок: это основание валика, проходящего через весь замок. Задача открывания замка заключается в том, чтобы повернуть этот валик, — но в этом-то и вся трудность. Дело в том, что валик удерживается в определенном положении пятью короткими стальными стерженьками (черт. 140). Каждый стерженек в каком-нибудь месте распилен надвое, и только если разместить стерженьки так, чтобы все разрезы приходились на уровне валика, можно будет его повернуть.

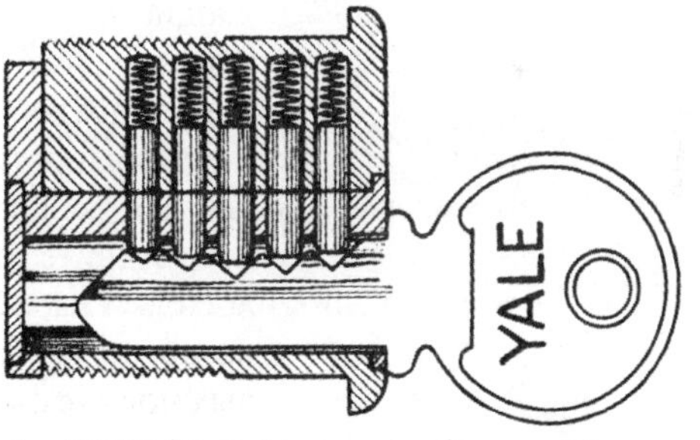

Рис. 140. Продольный разрез через французский замок.

Это необходимое расположение придает стерженькам ключ с соответственными выступами на краю: достаточно его вставить, чтобы стерженьки заняли то определенное и единственное расположение, которое необходимо для открытия замка.

Теперь легко понять, что число различных замков этого типа может быть действительно весьма велико. Оно зависит от того, сколькими способами можно разрезать каждый стержень на две части; число это, разумеется, не бесконечно, если принять во внимание ограниченную высоту зубчиков ключа.

Предположите, что каждый стерженек можно разрезать на две части 10-ю способами, и попробуйте сосчитать, сколько же *различных* французских замков можно при таком условии изготовить?

Задача № 60

Скромная награда

Задача, которую я вам сейчас предложу, не нова, даже очень не нова. Она общеизвестна, но именно потому я и включил ее в этот сборник головоломок. Ведь книжка моя предназначается не для тех, кто знает все общеизвестное, а для тех, кому это еще должно стать известным.

Итак, пусть вам станет отныне известна старинная легенда о том, какую награду попросил себе древний мудрец Сета у индусского правителя Шерама за то, что придумал шахматную игру. Мудрец просил вознаградить его за изобретение шахматной доски тем, чтобы выдать за первое ее поле всего 1 пшеничное зерно, за второе поле — 2 зерна, за третье — 4, за четвертое — 8 и т. д., удваивая вознаграждение за каждое следующее поле, пока не будут оплачены все 64 поля доски. Что же касается шахматных фигур, то за них мудрец никакой награды не требовал.

Правитель подивился такой скромности и отпустил мудреца, приказав немедленно выдать ему следуемые зерна.

Когда спустя некоторое время правитель осведомился, исполнено ли в точности его приказание, ему в смущении ответили, что требуемая награда не может быть выдана.

— Почему? — спросил правитель.

— Почему? — спросим и мы читателя.

РЕШЕНИЯ ЗАДАЧ №№ 51—60

Решение задачи № 51

Ряд горошин был бы гораздо длиннее стола. Поперечник горошины равен примерно от ½ до ⅓ сантиметра. Если остановимся на последнем размере, то в кубике с ребром в 1 сантиметр должно умещаться не менее $2 \cdot 2 \cdot 2 = 8$ горошин*; следовательно, в стакане емкостью 200 куб. сантиметров число горошин должно быть не меньше 1600. Расположив их в один ряд, получим длину $½ \cdot 1600 = 800$ сантиметров, или 8 метров. Это составляет 4 сажени — расстояние гораздо длиннее любого стола.

Если исходить из размера горошины ⅓ сантиметра, то в куб. сантиметре помещается их не менее $3 \cdot 3 \cdot 3 = 27$, а в стакане — не менее $27 \cdot 200 = 5400$. Длина ряда из 5400 таких горошин равна $⅓ \cdot 5400 =$ $= 1800$ сантиметров, или 18 метров — еще больше, чем в случае крупных горошин.

* Столько горошин помещается в куб. сантиметре при рыхлом сложении; при более же плотной укладке, когда одна горошина частью помещается в промежутке между соседними, горошин должно поместиться больше.

Решение задачи № 52

Не только дом, но и иной губернский* город можно было бы окружить расположенными в ряд листьями одного дерева, потому что такой ряд тянулся бы верст на десять! В самом деле: на старом дереве не менее 200—300 тысяч листьев. Если остановиться даже на числе 250 000 и считать каждый лист шириною в 5 сантиметров, то ряд получается длиною в 1 250 000 сантиметров, т. е. 12 500 метров, или $12\frac{1}{2}$ километров.

Решение задачи № 53

Миллион шагов гораздо больше 10 километров, больше даже 100 километров. Если длина шага примерно ¾ метра, то 1 000 000 шагов = 750 километров. Так как от Москвы до Ленинграда всего 640 километров, то, сделав от Москвы миллион шагов, вы отошли бы дальше, чем на расстояние Ленинграда.

Решение задачи № 54

В тот же день школьник в этом убедиться не мог, потому что, если бы он даже работал круглые сутки без перерыва, он не пересчитал бы и десятой доли всех клеточек. Действительно, в сутках $24 \cdot 60 \cdot 60 = 86\,400$ секунд, а в квадратном метре 1 000 000 кв. миллиметров. Понадобилось более 11 суток непрерывной работы, чтобы проверить прямым счетом, действительно ли в квадратном метре миллион миллиметровых клеточек. Если же считать по десять часов в сутки, то на подобную проверку понадобилось бы около месяца. Мало у кого достанет терпения выполнить такой счетный подвиг**.

Решение задачи № 55

Оба ответа далеки от истины, потому что столб получился бы во сто раз выше самой высокой горы на земле. Действительно: в кубическом метре $1000 \cdot 1000 \cdot 1000$, т. е. миллиард кубических миллиметров. Поставленные один на другой, они образовали бы столб высотою в 1 000 000 000 миллиметров, или 1 000 000 метров, или 1000 километров!

Решение задачи № 56

В одном ящике указанных размеров не только поместятся все люди земного шара, но могло бы поместиться почти втрое больше!

* Ныне — областной (прим. ред.).

** Впрочем, полвека тому назад такая работа была выполнена одним учителем чистописания в Англии: он аккуратно расставил в толстой тетради миллион точек, по тысяче на каждой странице.

Легко вычислить, что если 5 человек занимают объем в 1 кубический метр, то 1 800 000 000 человек заняли бы 360 миллионов кубических метров, — между тем в кубическом километре 1000 миллионов кубических метров*.

Решение задачи № 57

Волос, если бы был в миллион раз толще, превосходил бы по ширине не только любую печку или комнату, но и почти любое здание, потому что поперечник его равнялся бы 50 метрам!

Действительно, умножим ширину волоса, 0,05 мм, на 1 000 000. Получим 50 000 мм, или 50 метров.

Такую ширину имела бы, между прочим, и каждая точка типографского шрифта этой книги, если бы она увеличилась в поперечнике в миллион раз. А каждая буква имела бы при подобном увеличении более двух верст в высоту!

Эти неожиданные результаты показывают, что представление наше о миллионе далеко не так отчетливо, как мы обычно думаем.

Решение задачи № 58

Число портретов значительно больше тысячи. Сосчитать их можно следующим образом. Обозначим девять частей портретов римскими цифрами I, II, III, IV, V, VI, VII, VIII и IX; для каждой части имеются 4 полоски, которые мы перенумеруем арабскими цифрами 1, 2, 3, 4.

Возьмем полоску I, 1. Мы можем присоединить к ней полоски II, 1; II, 2; II, 3; II, 4.

Всего, следовательно, здесь возможны 4 сочетания. Но так как часть головы 1 может быть представлена четырьмя полосками (I, 1; I, 2; I, 3; I, 4) и каждая из них может быть соединена с частью II четырьмя различными способами, то две верхние части головы I и II могут быть соединены $4 \cdot 4 = 16$ различными способами.

К каждому из этих 16 расположений можно присоединить часть III четырьмя способами (III, 1; III, 2; III, 3; III, 4), следовательно, первые три части физиономии могут быть составлены $16 \cdot 4 = 64$ различными способами.

Таким же образом узнаем, что части I, II, III, IV могут быть расположены $64 \cdot 4 = 256$ различными способами; части I, II, III, IV, V — 1024 способами; части I, II, III, IV, V, VI — 4096 способами и т. д.; наконец, все девять частей портрета можно соединить $4 \cdot 4 \cdot 4 \cdot 4 \cdot 4 \cdot 4 \cdot 4 \cdot 4 \cdot 4$, т. е. 262 144 способами.

* К январю 2016 года население Земли достигло 7300 миллионов человек. Так что в наши дни задача имеет другой ответ: кубического ящика высотой в километр недостаточно, таких ящиков требуется уже полтора (прим. ред.).

Итак, из 9 наших брусков возможно составить не 1000, а больше четверти миллиона различных портретов!

Задача весьма поучительна: она объясняет нам, почему так редко встречаются две одинаковые человеческие физиономии. Еще Владимир Мономах в своем «Поучении» изумлялся тому, что при огромном числе людей на свете каждый имеет свое особое лицо. Но мы сейчас убедились, что если бы человеческое лицо характеризовалось всего 9-ю чертами, допускающими каждая всего 4 видоизменения, то могло бы существовать более 260 000 различных лиц. В действительности же характерных черт человеческого лица гораздо больше 9, и видоизменяться они могут больше чем 4 способами. Так, при 20 чертах, варьирующих каждая на 10 ладов, мы имеем различных лиц

$$10 \cdot 10 \cdot 10 \cdot 10\ldots \text{ (20 множителей), т. е.}$$

$$100\,000\,000\,000\,000\,000\,000$$

Это во много раз больше, чем людей во всем мире*.

Решение задачи № 59

Рассуждая подобно тому, как и при решении предыдущей задачи, нетрудно сосчитать, что число различных замкóв равно

$$10 \cdot 10 \cdot 10 \cdot 10 \cdot 10 = 100\,000.$$

Каждому из этих 100 000 замков соответствует особый ключ, — единственный, которым возможно его открыть. Существование ста тысяч различных замков и ключей, конечно, вполне обеспечивает владельца замка, так как у желающего вкрасться в помещение с помощью подобранного ключа есть только 1 шанс из 100 000 напасть на подходящий ключ.

Наш подсчет только примерный: он сделан в предположении, что каждый стерженек замка может быть разделен надвое только 10-ю способами. В действительности это возможно сделать, вероятно, бóльшим числом способов, и тогда число различных замков значительно увеличивается.

Решение задачи № 60

«Скромная награда» не могла быть выдана потому, что не только в Индии, но и во всем мире нет того количества зерен, какое она насчитывает!

Само вычисление затребованной суммы зерен представляет собой нелегкую задачу. В самом деле: требуется сложить ряд чисел

$$1 + 2 + 4 + 8 + 16 + 32 + 64 + 128 + \text{и т. д.}$$

Здесь выписаны только первые 8 чисел. Но остается еще 56. Чтобы узнать последнее, 64-е число, нужно умножить число 2 само на себя

* См. примечание на предыдущей странице (прим. ред.).

62 раза. Индусы, — они не знали еще логарифмов, сокращающих подобные вычисления, — должны были выполнить это умножение обычными приемами арифметики; а стоит лишь приступить к этой работе, чтобы ощутить, насколько это утомительно. Правда, можно облегчить себе работу и сэкономить много времени, разбив наши 63 множителя на группы, по 7 двоек в каждом; тогда придется перемножить «только» 9 множителей, каждый из которых равен 128, — или же, если хотите, «всего» три множителя, каждый из которых = (128 · 128 · 128). Но на деле вы убедились бы, что слова «только» и «всего» недаром взяты здесь в кавычки, потому что работы остается предостаточно. А ведь это только одно последнее, 64-е слагаемое; надо же знать все предыдущие 63 слагаемых, да кроме того, эти числа сложить…

Для тех, кто проходил алгебру и знаком с логарифмами и прогрессиями, выполнение этого расчета — правда, лишь приближенное, с точностью до 100 000-й доли результата — не составило бы никакого труда. Так как у читателей этой книжки я не могу предполагать таких познаний из алгебры, а с другой стороны, не собираюсь засадить их за многочасовые выкладки, то укажу простой способ получить хотя бы грубо-приблизительное представление об истинных размерах «скромной награды» индусского мудреца.

Продолжив ряд

$$2, 4, 8, 16, 32, 64 \text{ и т. д.}$$

до 10-го члена его, мы получим 1024. Так как мы стремимся только приблизительно определить, как велико последнее слагаемое, то позволительно в числе 1024 откинуть 24 единицы, чтобы получить круглое число 1000. Если первые десять двоек при перемножении дали около 1000, то столько же получится от умножения и следующих 10 двоек, а также дальнейших групп из 10 двоек. Всех множителей-двоек у нас 63, т. е. шесть групп по 10 и еще седьмая группа из трех двоек. Значит, число зерен, причитающееся изобретателю за последнее, 64-е поле шахматной доски, должно приблизительно равняться

$$1000 \cdot 1000 \cdot 1000 \cdot 1000 \cdot 1000 \cdot 1000 \cdot (2 \cdot 2 \cdot 2) =$$
$$= 8\,000\,000\,000\,000\,000\,000.$$

Восемь квинтиллионов зерен — вот примерная величина последнего слагаемого!

Чтобы вычислить (приблизительно) всю сумму, обратим внимание на поучительную особенность ряда

$$1, 2, 4, 8, 16, 32, 64, 128 \text{ и т. д.}$$

Легко заметить, что каждое число в нем равно сумме всех предыдущих, увеличенной на 1. Например:

$$8 = (1 + 2 + 4) + 1;\ 16 = (1 + 2 + 4 + 8) + 1;$$
$$32 = (1 + 2 + 4 + 8 + 16) + 1.$$

Понятно, что и последнее, 64-е число этого ряда равно сумме 63-х предыдущих + 1. Но мы уже знаем, что это последнее число равно (приблизительно) 8-ми квинтиллионам. Следовательно, сумма всех предыдущих чисел тоже приблизительно равна 8 квинтиллионам, а общее число всех зерен, причитающихся изобретателю, приблизительно равно

16 000 000 000 000 000 000.

Результат этот, однако, заведомо меньше истинного — вспомните, что в каждом из 6 множителей мы откидывали 24 единицы (брали ровно 1000 вместо 1024). Точное вычисление дало бы результат

18 446 744 073 709 551 615.

Чтобы помочь вам ощутить огромность этого числа, замечу, что в кубическом метре (80-ведерной бочке) помещается 15 миллионов пшеничных зерен. «Скромная награда» должна была поэтому занять объем приблизительно в 12 000 000 000 000 кубических метров. Это составляет 12 000 кубических километров, — во много раз больше той горы зерен, которая изображена на обложке этой книги!

Далее. Поверхность земного шара — всех его материков и океанов — равна 500 миллиардам кв. метров. Значит, если рассыпать наше число зерен ровным слоем по всему миру, то слой этот имел бы в толщину 12 : 500 = 0,024 метра, или примерно ¼ сантиметра. Будь земной шар целиком превращен в сплошное пшеничное поле (для чего понадобилось бы осушить океаны, растопить полярные льды и оросить все пустыни), то урожай целиком пошел бы в награду изобретателю шахматной игры.

В заключение предлагаю читателю самому вычислить, какая длина получилась бы, если бы все эти зерна выложить в один ряд. На всякий случай сообщаю, что от Земли до Солнца 150 000 000 километров, — хотя не думаю, чтобы вам пришлось с такою цепью зерен остаться в пределах Солнечной системы.

ГЛАВА СЕДЬМАЯ

ПУТЕШЕСТВИЯ ПО КРИСТАЛЛУ И НЕПРЕРЫВНОЕ ЧЕРЧЕНИЕ

ЗАДАЧИ №№ 61—70

— Чем эта муха на кристалле вас так заинтересовала?

— Своим странным поведением: она ходит по кристаллу, право, не без системы. Посмотрите, все время придерживается она ребер и не ступает по граням. Что за охота ей ходить по гребням, когда рядом сколько угодно плоских мест?

— Мне кажется, дело довольно просто. Чем склеены у вас грани этого кристалла?

— Вы подозреваете, что в клее есть что-то сладкое, привлекающее муху? Кажется, вы правы; она действительно вылизывает хоботком ребра кристалла. Так вот почему она медленно и систематически переходит с одного ребра на другое!

— И при этом на практике разрешает интересную задачу: обойти весь многогранник по его ребрам, не посещая дважды ни одного ребра.

— Разве это возможно?

— В данном случае вполне: ведь этот кристалл — восьмигранник.

— Да, октаэдр. Что же из этого?

— У него на каждой вершине сходятся 4 ребра.

— Разумеется. Но какое же отношение имеет это к нашей задаче?

— Самое непосредственное. Задача обойти все ребра многогранника, и притом не более чем по одному разу, разрешима только для тех многогранников, у которых на каждой вершине сходится *четное число ребер*.

— Вот как! Я об этом не знал. Почему же?

— Почему у каждой вершины должно сходиться именно четное число ребер? Очень просто. Надо ведь на каждую вершину попасть и надо с нее уйти, — значит, нужно, чтобы к ней вела одна дорога

Рис. 141. Муха на кристалле.

и от нее отходила другая, т. е. чтобы у нее сходилась *пара* ребер. Если же, продолжая путешествовать по кристаллу, вы попадете на ту же вершину вторично, т. е. если к ней ведет еще и третье ребро, то должно иметься непременно и четвертое ребро, чтобы вы могли уйти с этой вершины, а не очутиться в тупике. Другими словами, число ребер, сходящихся у каждой вершины, должно быть парное, т. е. четное. Если хотя бы одна вершина многогранника имеет нечетное число сходящихся к ней ребер, то на такую вершину вы, исчерпав все ведущие к ней парные ребра, можете попасть, конечно, по последнему неиспользованному ребру, — но покинуть этой вершины уже не сможете: путешествие здесь поневоле оборвется.

— Но я могу ведь совсем не воспользоваться этим ребром, раз оно заведомо ведет в тупик!

— Тогда вы не выполните другого условия нашего путешествия: пройти *по всем* ребрам без исключения.

— Позвольте: но может же случиться, что это ребро как раз последнее и единственное еще не пройденное. Тогда нет вовсе надобности покидать его: оно и будет конечной целью путешествия.

— Совершенно правильно. И если бы в фигуре была только одна «нечетная» вершина, то вам нужно было бы избрать такой маршрут, чтобы вершина эта оказалась *последним этапом*, — тогда вы разрешили бы задачу успешно. Или же можете *начать* с этой вершины — тогда вам не придется на нее возвращаться. Я должен только прибавить к этому, что фигуры с одной «нечетной» вершиной существовать не может: таких вершин должно быть четное число — две, четыре, шесть и т. д.

— Это почему же?

— Подумайте о том, что каждое ребро соединяет две вершины. И если какая-нибудь вершина имеет ребро без пары, то ребро это должно упираться в какую-нибудь соседнюю вершину и там тоже быть непарным ребром.

— А если соседняя вершина была бы без этого ребра тоже нечетная? Тогда новое ребро делает ее «четной», и наша «нечетная» вершина остается одинокой.

— Этого не может быть. Если без нашего ребра у соседней вершины сходится нечетное число ребер, то, значит, одно из ее ребер, остающееся вне пары, соединено со следующей вершиной, и следовательно, «нечетная» вершина будет найдена дальше, но все же будет существовать. Вы видите, что если в фигуре имеется одна «нечетная» вершина, то непременно должна существовать и вторая. Число *«нечетных»* вершин не может быть нечетным. Поясню это еще и иным путем, пожалуй, более простым. Предположите, что вы желаете сосчитать, сколько ребер в какой-нибудь фигуре. Вы считаете ребра, сходящиеся у одной вершины, прибавляете ребра, сходящиеся у второй, потом — у третьей и т. д. Когда вы все это сложите, что у вас получится?

— Двойное число ребер фигуры, потому что каждое ребро считалось по два раза: ведь каждое ребро соединяет две вершины.

— Именно. Вы получите удвоенное число ребер. И если допустить, что у одной из вершин сходится нечетное число ребер, а у всех прочих — четное, то результат сложения будет, конечно, число нечетное. Но может ли *удвоенное* целое число быть нечетным?

— Не может, конечно. Теперь мне вполне ясно, что «нечетных» вершин во всякой фигуре должно быть две, четыре — вообще, четное число. Все же я думаю, что и кристалл с *двумя* «нечетными» вершинами возможно обойти. Пусть у нас имеется фигура с двумя «нечетными» вершинами. Что мешает начать путешествие именно в одной из этих точек и закончить в другой? Тогда не понадобится ни возвращаться в первую, ни уходить из последней: путешествие будет выполнено с соблюдением всех требуемых условий.

— Правильно! В этом и состоит секрет успешного выполнения подобных путешествий, или — что то же самое — правило вычерчивания фигур одним росчерком пера. Если требуется непрерывным движением начертить фигуру — безразлично, в плоскости или в пространстве, — то прежде всего внимательно рассмотрите фигуру и определите, имеются ли у нее «нечетные» вершины, т. е. такие вершины, у которых встречается непарное число линий. Если подобных вершин в фигуре больше двух, то задача неразрешима. Если только две, — то нужно начать вычерчивание из одной «нечетной» точки и закончить в другой. Если «нечетных» вершин вовсе нет, то можете начинать чертить из любой вершины, и всегда найдется способ выполнить всю фигуру, возвратившись к начальной точке. Каким путем вы в таком случае поведете перо — безразлично. Надо только заботиться о том, чтобы не вести линию к вершине, от которой нет больше пути, т. е. стараться не замыкать фигуры раньше времени. Вот пример: фигура в форме буквы Ф (черт. 142). Можно ли ее начертить одним росчерком пера?

— В ней всего две «нечетные» вершины, именно концы палки. Значит, ее начертить одним росчерком пера возможно. Но как?

— Надо начать с одного конца палки и кончить другим, вот так (черт. 143).

Рис. 142.

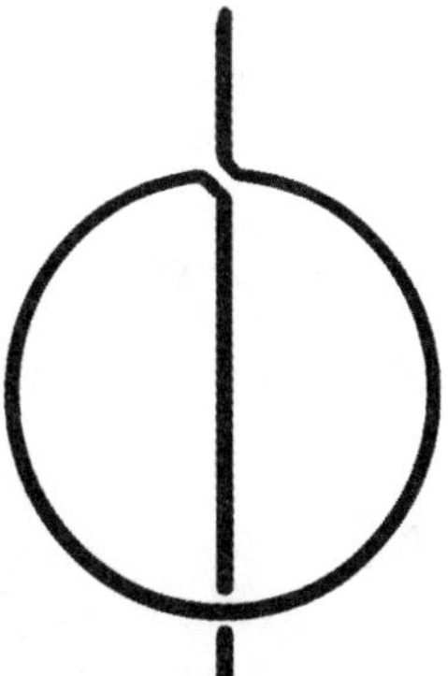

Рис. 143.

— В детстве я ломал свою голову над тем, чтобы начертить одним росчерком пера четырехугольник с двумя диагоналями (черт. 144). Мне этого никак не удавалось сделать.

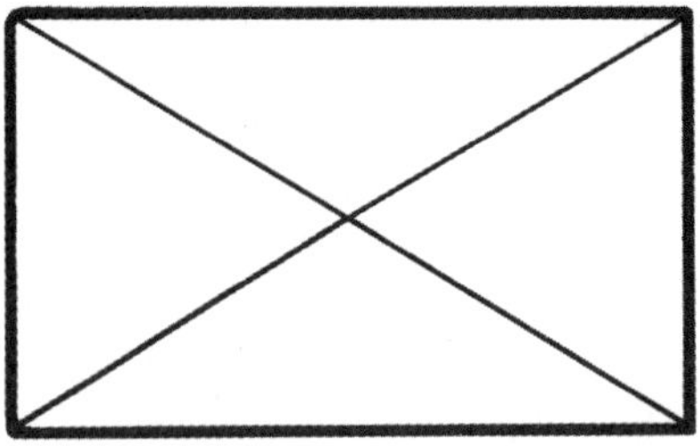

Рис. 144.

— И не удивительно: ведь в ней 4 нечетных вершины — углы четырехугольника. Бесполезно даже ломать голову над этой задачей: она неразрешима.

— А такая фигура (черт. 145)?

Рис. 145.

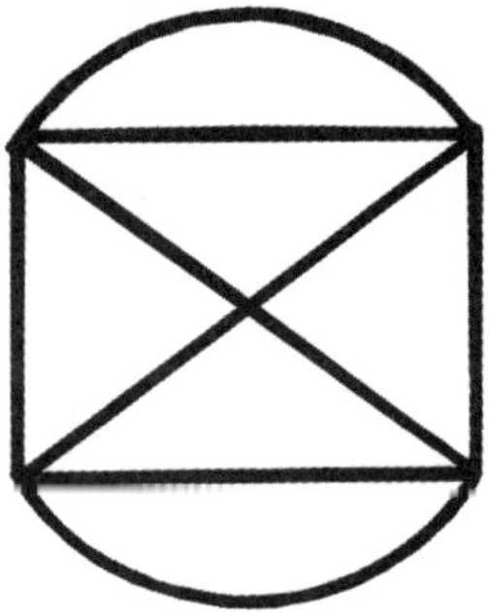

Рис. 146.

— Ее тоже нельзя начертить одной непрерывной линией, потому что у нее 4 вершины, в каждой из которых сходится по 5 линий, т. е. у нее 4 «нечетных» вершины. Зато легко начертить фигуры черт. 146-й и 147-й: у них все вершины «четные» (решение для черт. 147 — см. черт. 148).

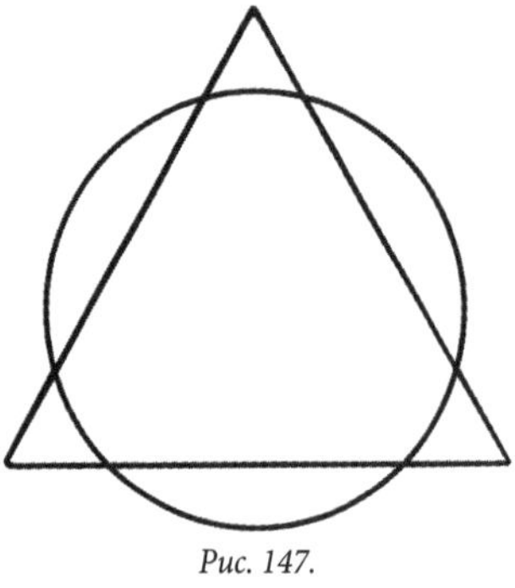

Рис. 147.

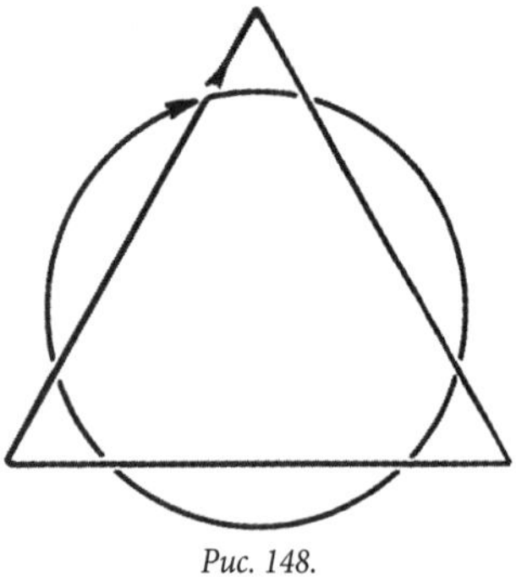

Рис. 148.

Теперь перейдем к той задаче, которую собирается решить наша муха: обойти по одному разу все ребра октаэдра непрерывным движением. На каждой вершине этой фигуры сходятся 4 ребра; в ней вовсе нет «нечетных» вершин. Поэтому вы можете начать путешествовать с любой вершины и возвратитесь в исходную точку. Вот одно из возможных решений (черт. 149):

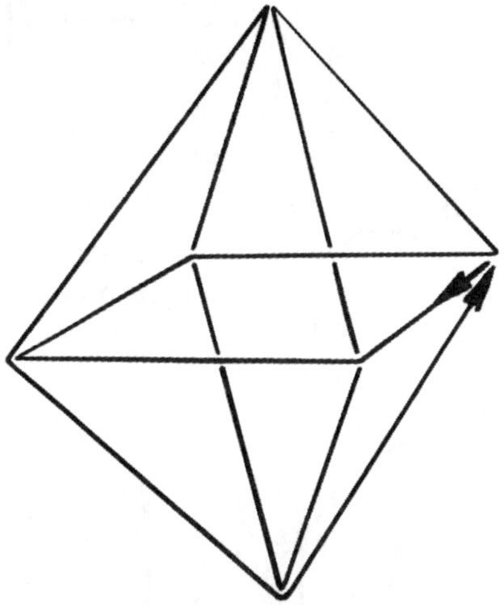

Рис. 149.

— А знаете, это интересный род головоломок! Дайте мне десяток подобных задач, я подумаю о них на досуге.

— Извольте.

РЕШЕНИЯ ЗАДАЧ №№ 61—70

Из представленных на стр. 150 и 151 фигур безусловно могут быть начерчены непрерывной линией фигуры 62-я, 64-я, 65-я, 67-я, 68-я, 69-я и 70-я. В этих фигурах у всех точек пересечения сходится четное число линий, — следовательно, можно начать чертить с любой точки. Каждая точка может служить начальной, она же будет и конечной. Выполнение чертежей показано на стр. 152 и 153.

Фигура 61-я заключает только две «нечетные» точки, именно те места, где ручка молотка входит в головку: у них сходится по 3 линии. Поэтому фигуру можно начертить непрерывной линией только в том случае, если начать в одной из «нечетных» точек и кончить в другой.

То же относится и к фигуре 63-й: она содержит только две «нечетных» точки, *m* и *n*; они и должны быть начальной и конечной точкой при черчении.

Фигура 66-я заключает более двух «нечетных» точек, — а потому ее совершенно невозможно начертить одной непрерывной линией.

N61

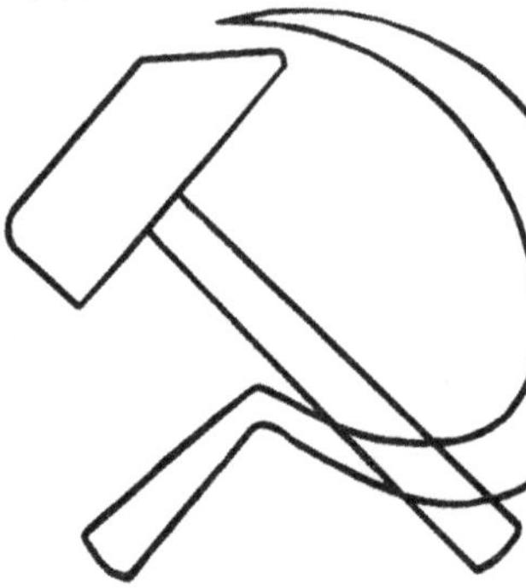

N62

N63

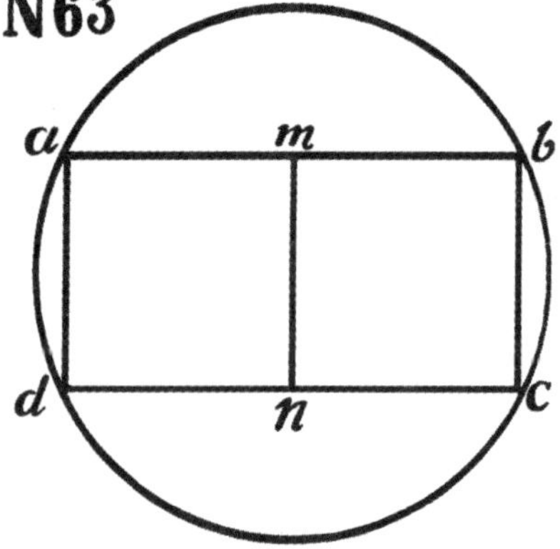

N64

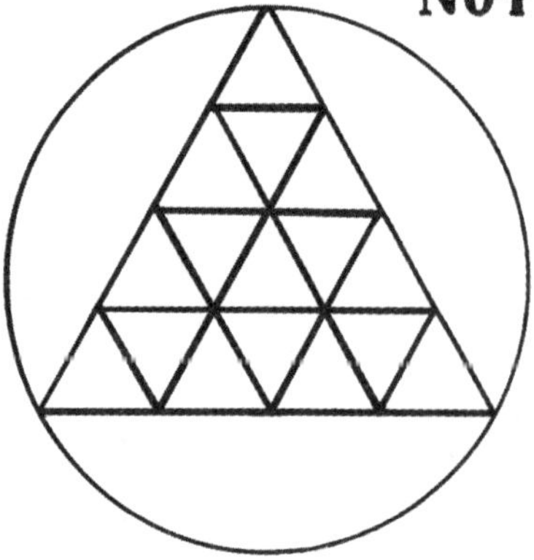

N65

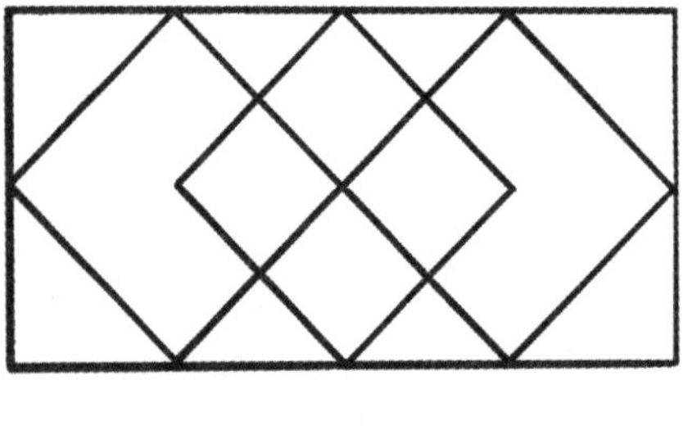

N66

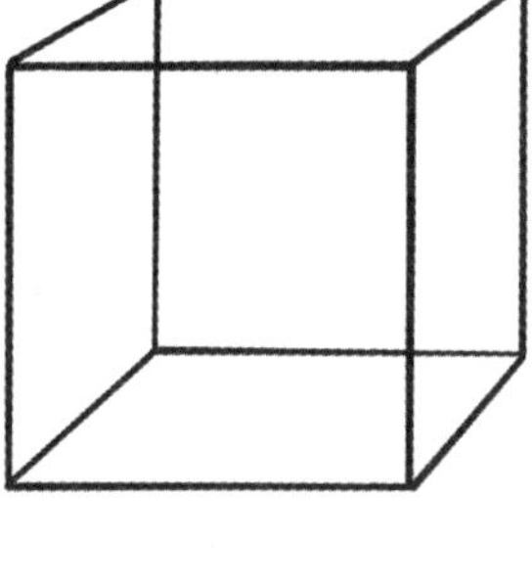

Рис. 150. Задачи на непрерывное вычерчивание фигур: №№ 61—66.

N67

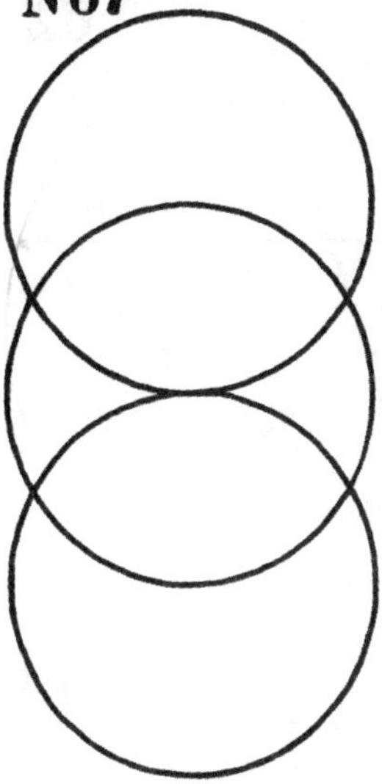

N68

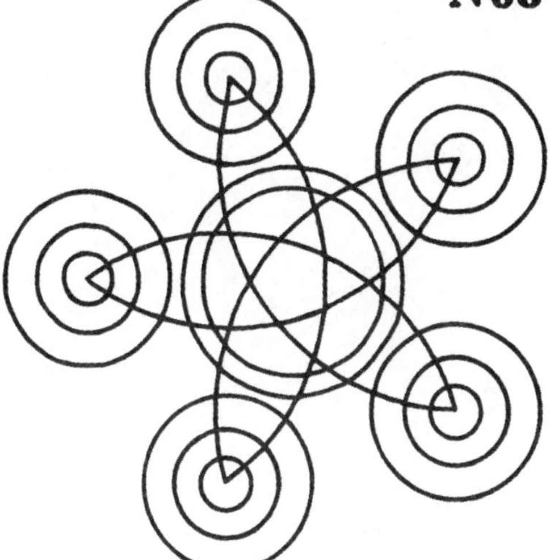

N70

N69

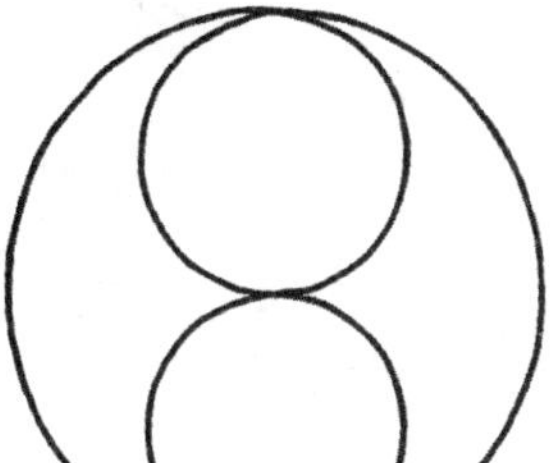

Рис. 151. Задачи на непрерывное вычерчивание фигур: №№ 67—70.

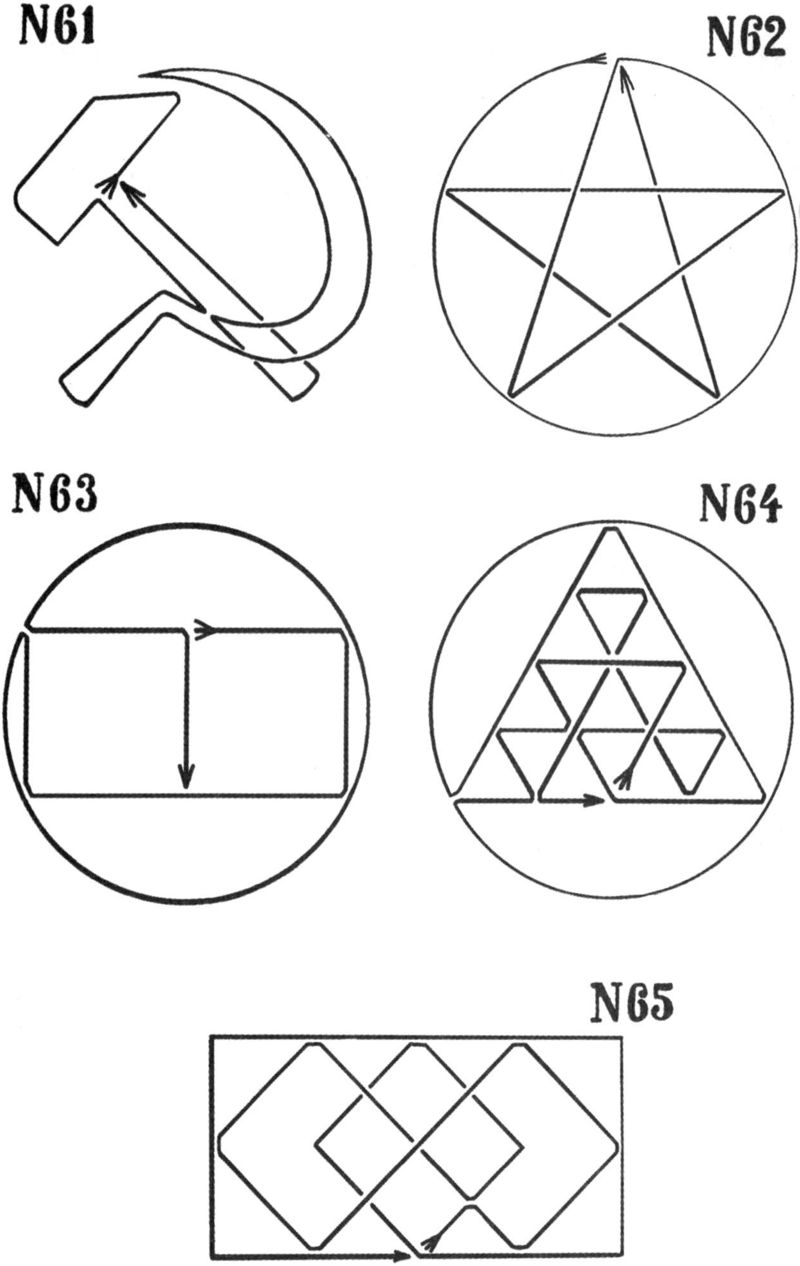

Рис. 152. Решения задач: №№ 61—65.

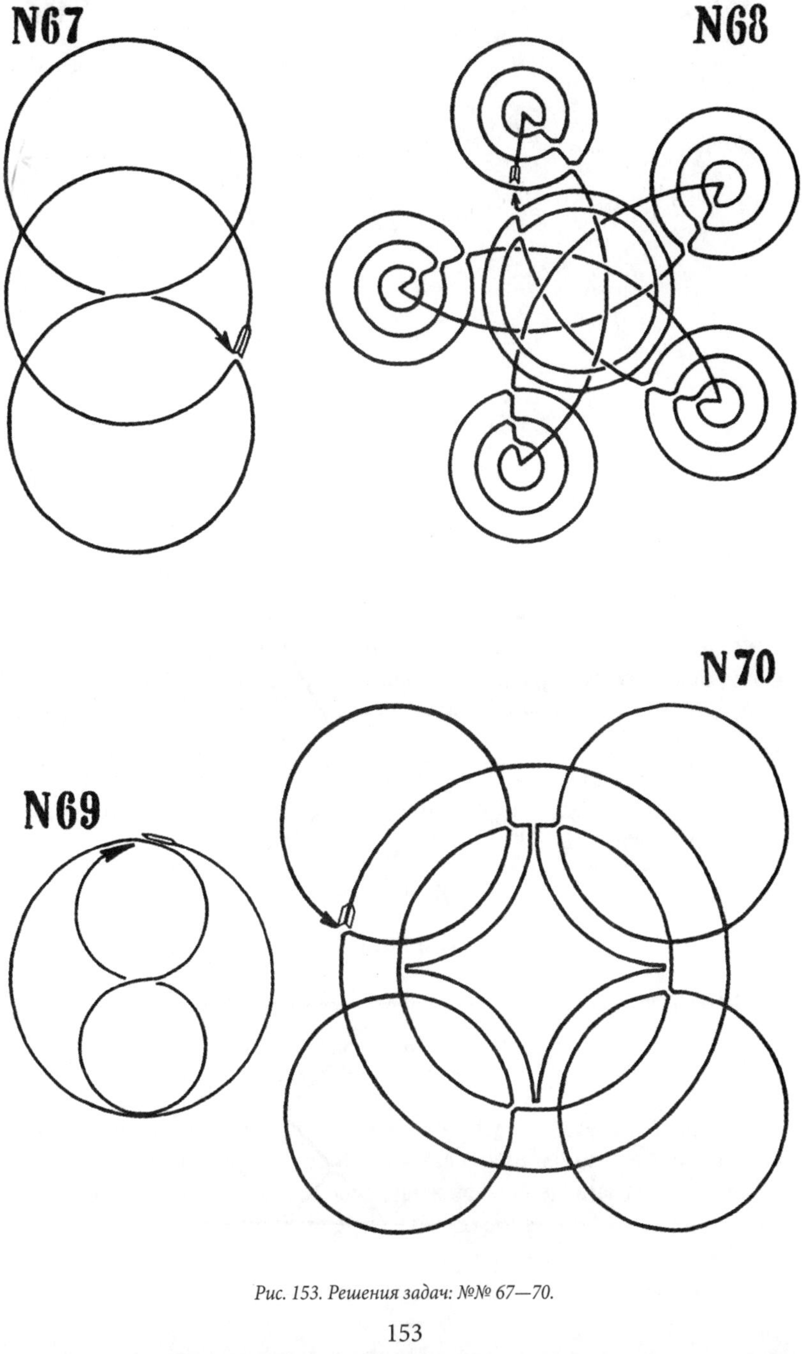

Рис. 153. Решения задач: №№ 67—70.

ГЛАВА ВОСЬМАЯ

ДЕСЯТЬ РАЗНЫХ ЗАДАЧ

Задача № 71

Горизонт

Часто приходится читать и слышать, что одно из убедительных доказательств шарообразности Земли — круглый вид горизонта. Так как всюду линия горизонта — окружность, то Земля наша должна быть шаром.

Подумайте, однако: какую фигуру имела бы линия горизонта, если бы Земля наша была не шарообразная, а плоская, бесконечно простираясь во все стороны?

Задача № 72

Где и когда?

Вам, вероятно, знаком бессмысленный стишок

Рано утром, вечерком,
В полдень, на рассвете…

Неведомый слагатель этих стихов стремился выразить ими заведомую нелепость и подбирал слова, одно другому противоречие.

Между тем приведенная фраза не совсем бессмысленна; существуют места на земле, где такое определение времени вполне применимо и относится к некоторому реальному моменту.

Где же и когда это бывает?

Задача № 73

Рост Эзопа*

«Уверяют, что Эзопова голова была длиною 7 дюймов, а ноги так длинны, как голова и половина туловища; туловище ж равно длине ног с головою.

Спрашивается рост сего славного человека».

Задача № 74

Пять обрывков цепи

Кузнецу принесли пять цепей, по три звена в каждой — они изображены здесь на рисунке (черт. 154), — и поручили соединить их в одну цепь.

Рис. 154. Обрывки цепи.

Прежде чем приняться за дело, кузнец стал думать о том, сколько колец понадобится для этого раскрыть и вновь заковать. Он решил, что придется раскрыть и снова заковать четыре кольца.

Нельзя ли, однако, выполнить ту же работу, раскрыв меньше колец?

Задача № 75

Четырьмя пятерками

Нужно выразить число 16 с помощью 4 пятерок, соединяя их знаками действий.

Как это сделать?

Задача № 76

Вишня

Мякоть вишни окружает ее косточку слоем такой же толщины, как и сама косточка. Будем считать, что и вишня и косточка имеют форму шариков. Можете ли вы сообразить в уме, во сколько раз объем сочной части вишни больше объема косточки?

* Эта задача заимствована из обширного старинного русского учебника математики Ефима Войтяховского, конца XVIII века.

Задача № 77

Дыни

Продаются две дыни. Одна, окружностью 72 сантиметра, стоит 40 рублей. Другая, окружностью 60 сантиметров, стоит 25 рублей. Какую дыню выгоднее купить?

Задача № 78

Удивительная затычка

В доске выпилены три отверстия: одно — квадратное, другое — круглое, третье — в форме креста. На нашем чертеже 155-м вы видите эти отверстия.

Рис. 155. Заткнуть эти дыры одной и той же затычкой.

Нужно изготовить затычку такого фасона, чтобы она годилась для каждого из этих отверстий.

Вам кажется, что такой всеобщей затычки быть не может: отверстия чересчур разнообразны по форме.

Могу вас уверить, что подобная затычка существует. Попытайтесь найти ее.

Задача № 79

Модель башни Эйфеля

Башня Эйфеля в Париже, 300 метров высоты, сделана целиком из железа, которого пошло на нее 8 000 000 килограммов. У моего знакомого есть точная модель знаменитой башни, весящая всего только один килограмм.

Какой она высоты? Выше стакана или ниже?

Задача № 80

Муха на ленте

У меня была в руках длинная бумажная лента, с одной стороны красная, с другой — белая. Я склеил ее концы и получившееся бумажное кольцо положил на стол.

Внимание мое привлекла муха, севшая на красную сторону ленты и начавшая странствовать по ней. Я стал следить за ее путешествием вдоль ленты и, к изумлению, заметил, что, побродив немного по ленте, она очутилась на противоположной, белой стороне, хотя все время оставалась на ленте и нигде не переползала через ее край. Продолжая следить за ее движениями, я вскоре увидел ее снова на красной стороне ленты, хотя положительно мог утверждать, что она не переступала и не перелетала через края ленты и ползла все время, не покидая ее.

Не объясните ли вы, как могло это случиться?

РЕШЕНИЯ ЗАДАЧ №№ 71—80

Решение задачи № 71

Если бы Земля была совершенно плоская, линия горизонта и в таком случае была бы окружностью!

Действительно: что такое горизонт? Линия, по которой небесный свод кажущимся образом встречается с землей. Но свод небесный имеет форму шаровой поверхности. По какой же другой линии может пересекаться шаровая поверхность с плоскостью, как не по окружности?

Итак, круглая форма горизонта сама по себе не доказывает еще, что Земля кругла!

Решение задачи № 72

Где? За полярным кругом.

Когда? Около 21-го декабря, когда зимнее солнце лишь на мгновение показывается верхним краем из-под горизонта в 12 часов дня, чтобы тотчас же скрыться снова под горизонт.

Действительно. Этот момент есть «утро», так как совпадает с восходом солнца; но он в то же время и вечер, так как совпадает с заходом солнца. Это безусловно полдень — 12 часов дня, и, конечно, рассвет, так как, пока солнце еще не вынырнуло из-под горизонта, длится утренняя заря. Итак, это — «рано утром, вечерком, в полдень, на рассвете».

Решение задачи № 73

Мы знаем из условия задачи, что ноги Эзопа равны 7 дюймам (голова) + длина половины туловища. Известно еще, что туловище = длине ног + 7 дюймов, откуда длина ног = туловищу без 7 дюймов. Итак, ноги Эзопа = длине половины туловища + 7 дюймов, и в то же время = туловищу без 7 дюймов. Значит,

$$\tfrac{1}{2}\text{ туловища} + 7\text{ дюймов} = \text{туловищу} - 7\text{ дюймов},$$

или: туловище длиннее ½ туловища на 14 дюймов, откуда ½ туловища = 14 дюймов, а все туловище = 28 дюймам. Прибавив длину головы и ног (которые вместе = туловищу, т. е. 28 дюймов), получаем рост Эзопа: 56 дюймов, или 2 аршина.

Решение задачи № 74

Достаточно разогнуть только *три кольца* одного из обрывков и полученными кольцами соединить концы остальных четырех обрывков.

Решение задачи № 75

Существует только один способ:

$$55/5 + 5 = 16.$$

Решение задачи № 76

Толщина слоя мякоти равна поперечнику косточки, — значит, поперечник вишни в 3 раза больше поперечника косточки. Отсюда объем вишни больше объема косточки в $3 \cdot 3 \cdot 3 = 27$ раз. И следовательно, объем мякоти больше объема косточки в $27 - 1 = 26$ раз.

Решение задачи № 77

Окружность большой дыни (72 см) превышает окружность меньшей (60 см) в $24/20$, т. е. в $1\frac{1}{5}$ раза. Таково же и отношение ее поперечника к поперечнику меньшей дыни.

Ее объем больше в $1\frac{1}{5} \cdot 1\frac{1}{5} \cdot 1\frac{1}{5} = \frac{6 \cdot 6 \cdot 6}{5 \cdot 5 \cdot 5} = \frac{216}{125}$ раз. Если меньшая дыня стоит 25 рублей, то бóльшая должна стоить $25 \cdot \frac{216}{125} = \frac{216}{5} = 43$ руб. 20 коп. Между тем дыня стоит всего 40 рублей. Ясно, что ее купить выгоднее, чем меньшую.

Решение задачи № 78

Искомая затычка имеет форму, изображенную здесь на чертеже 156-м. Вы можете заткнуть ею и квадратное отверстие, и круглое, и крестообразное.

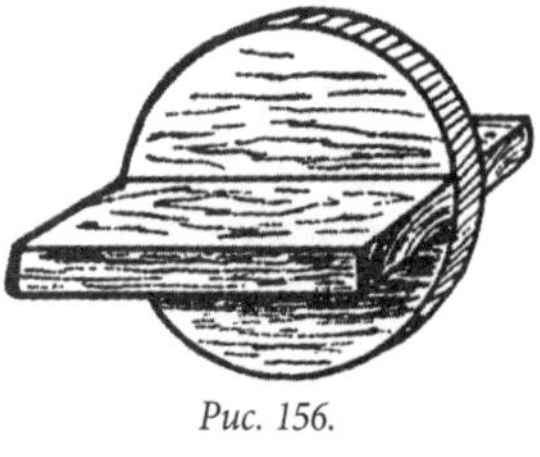

Рис. 156.

Решение задачи № 79

Модель весом 1 килограмм гораздо выше стакана, потому что — как это ни неожиданно — она имеет в высоту 1½ метра! В самом деле: модель меньше самой башни по объему во столько раз, во сколько 1 килограмм меньше 8 000 000 килограммов, т. е. в 8 000 000 раз. Значит, высота модели меньше высоты башни в такое число раз, которое, будучи дважды умножено на себя, составит 8 000 000; число это 200, потому что $200 \cdot 200 \cdot 200 = 8\,000\,000$. Разделив высоту Эйфелевой башни, 300 метров, на 200, получаем 1½ метра (около двух аршин). Результат довольно странный. 1½-метровое железное изделие весит всего 1 килограмм! Это объясняется тем, что Эйфелева башня — сооружение, при своих больших размерах, необыкновенно легкое, как говорят — «ажурное».

Решение задачи № 80

Загадка объясняется тем, что один конец ленты, прежде чем приклеить его к другому, был повернут один раз. Легко убедиться на опыте, что тогда получается кольцо, ползая по которому муха может обойти обе его стороны, нигде не переступая через края.

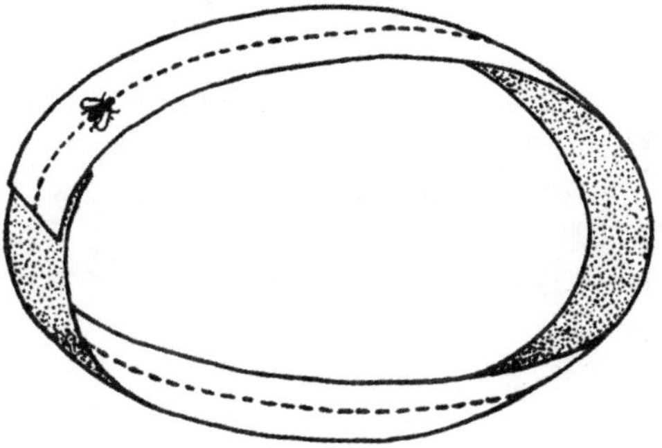

Рис. 157.

ГЛАВА ДЕВЯТАЯ

ЕЩЕ ДЕСЯТЬ РАЗНЫХ ЗАДАЧ

Задача № 81

Кто больше?

Двое человек считали в течение часа всех прохожих, которые проходили мимо них на тротуаре. Один из считавших стоял у ворот дома, другой прохаживался туда и назад по тротуару.

Кто насчитал больше прохожих?

Задача № 82

Возраст моего сына

Теперь мой сын моложе меня втрое. Но пять лет назад он был моложе меня в четыре раза.

Сколько ему лет?

Задача № 83

Состязание

Две парусные лодки участвуют в состязании: требуется пройти 24 версты туда и назад в кратчайшее время. Первая лодка прошла весь путь с равномерной скоростью 20 верст в час; вторая двигалась туда со скоростью 16 верст в час, а обратно — со скоростью 24 версты в час.

Победила на состязании первая лодка, — хотя, казалось бы, вторая должна была на пути в одном направлении отстать от первой ровно на столько же, на сколько она опережала ее на обратном пути, и, следовательно, прийти одновременно с первой. Почему же она опоздала?

Задача № 84

По реке и по озеру

Плывя вниз по реке, гребец проплывает 5-верстное расстояние в 10 минут. Возвращаясь, он проплывает то же расстояние в час. Следовательно, 10 верст он при указанных условиях проплывает в 1 час 10 минут.

А во сколько времени проплыл бы он 10 верст в стоячей воде озера?

Задача № 85

От Энска до Иксограда

Плывя по течению, пароход делает 20 верст в час; плывя *против* течения — всего 15 верст в час. Чтобы пройти от пристани г. Энска до пристани г. Иксограда, он употребляет на 5 часов меньше, чем на обратный путь.

Как далеко от Энска до Иксограда?

Задача № 86

Всмятку и вкрутую

Хозяйка сварила 5 яиц: два вкрутую и три всмятку. Но она забыла отметить, какие именно яйца сварены вкрутую и какие — всмятку, и подала их к столу на одном блюде.

Вы наудачу берете с блюда два яйца. Есть ли вам расчет биться о заклад, ставя один рубль против пяти, что вам попадутся оба крутых яйца?

Задача № 87

Игральная кость

Вот игральная кость (черт. 158): кубик с обозначенными на его гранях очками от 1 до 6. Петр бьется о заклад, что если бросить кубик 4 раза подряд, то за все четыре раза кубик непременно упадет один раз единичным очком кверху.

Владимир же ставит против него: он утверждает, что единичное очко либо совсем не выпадет при четырех метаниях, либо же выпадет больше одного раза.

У кого из них больше вероятия выиграть?

Рис. 158.

Задача № 88

Семеро друзей

У одного гражданина было 7 друзей. Первый посещал его каждый вечер, второй — каждый второй вечер, третий — каждый третий вечер, четвертый — каждый четвертый вечер и т. д. до седьмого друга, который являлся каждый седьмой вечер.

Часто ли случалось, что все семеро друзей собирались у хозяина в один и тот же вечер?

Задача № 89

Продолжение предыдущей

В те вечера, когда семеро друзей собирались вместе, хозяин угощал их вином, и все чокались друг с другом попарно.

Сколько раз звучали при этом стаканы, сталкиваясь между собою?

Задача № 90

Основание Карфагена

Об основании древнего города Карфагена существует следующее предание. Дидона, дочь тирского царя, потеряв мужа, убитого рукой ее брата, бежала в Африку и высадилась со многими жителями Тира на ее северном берегу. Здесь она купила у нумидийского царя столько земли, «сколько занимает воловья шкура». Когда сделка состоялась, Дидона разрезала воловью шкуру на тонкие ремешки и, благодаря такой уловке, охватила участок земли, достаточный для сооружения крепости. Так будто бы возникла крепость Карфаген, к которой впоследствии был пристроен город.

Попробуйте вычислить, какую площадь могла, согласно этому преданию, занимать крепость, если считать, что воловья шкура имеет поверхность 4 кв. метра, а ширину ремешков, на которые Дидона ее изрезала, принять равной одному миллиметру.

РЕШЕНИЯ ЗАДАЧ №№ 81—90

Решение задачи № 81

Оба насчитали одинаковое число прохожих. Действительно, хотя тот, кто стоял у ворот, считал проходивших в обе стороны, но тот, кто ходил, видел зато вдвое больше встречных людей.

Решение задачи № 82

Если сын теперь втрое моложе отца, то отец старше его на двойной его возраст. Пять лет назад отец был также, конечно, старше сына на двойной *нынешний* возраст сына. С другой стороны, так как тогда отец был старше сына в 4 раза, то он был старше его на тройной его *тогдашний* возраст. Следовательно, двойной *нынешний* возраст сына равен тройному *прежнему* возрасту его, или — что то же самое — сын теперь в $1\frac{1}{2}$ раза старше, чем был 5 лет назад. Отсюда легко сообразить, что 5 лет — это половина прежнего возраста сына; и, значит, пять лет назад сыну было 10 лет, а теперь ему 15 лет.

Итак, сыну теперь 15 лет, отцу 45. Действительно: пять лет назад отцу было 40 лет, а сыну 10, т. е. вчетверо меньше.

Решение задачи № 83

Вторая лодка опоздала потому, что двигалась с 24-верстной скоростью *меньшее время*, чем с 16-верстной. Действительно, с 24-верстною скоростью она двигалась $24 : 24 = 1$ час, а с 16-верстною $24 : 16 =$ $= 1\frac{1}{2}$ часа. Поэтому она на пути туда потеряла времени больше, чем выгадала на обратном пути.

Решение задачи № 84

По течению гребец плывет со скоростью полверсты в минуту, против течения — со скоростью $\frac{1}{12}$ версты в минуту. В первую скорость включена скорость самого течения, от второй она отнята. Следовательно, $\frac{1}{2} + \frac{1}{12}$, т. е. $\frac{7}{12}$ версты, деленное пополам ($\frac{7}{24}$ версты) — это истинная скорость самого гребца.

И, значит, в стоячей воде гребец пройдет 10 верст в

$$10 : \frac{7}{24} = 34\frac{2}{7} \text{ минуты.}$$

Обычный же ответ — что в озере гребец проплывет 10 верст в то же время, как и в реке, так как потеря скорости будто бы восполняется выигрышем ее, — совершенно не верен (см. предыдущую задачу).

Решение задачи № 85

Плывя по течению, пароход делает 1 версту в 3 минуты; плывя против течения — 1 версту в 4 минуты. На каждой версте пароход в первом случае выгадывает 1 минуту. А так как на всем расстоянии он выгадывает во времени 5 часов, или 300 минут, то, следовательно, от Энска до Иксограда 300 верст.

Действительно:

$$\frac{300}{15} - \frac{300}{20} = 20 - 15 = 5.$$

Решение задачи № 86

Если, для удобства обозначения, перенумеровать яйца, то у нас будут

крутое № 1 . . . . *К* 1
крутое № 2 . . . . *К* 2
всмятку № 1 . . . . *С* 1
всмятку № 2 . . . . *С* 2
всмятку № 3 . . . . *С* 3

Из этих яиц можно составить следующие 10 пар:

К 1 *К* 2	*К* 2 *С* 1	*С* 1 *С* 2
К 1 *С* 1	*К* 2 *С* 2	*С* 1 *С* 3
К 1 *С* 2	*К* 2 *С* 3	*С* 2 *С* 3
К 1 *С* 3		

Мы видим, что только одна пара — именно первая — состоит из крутых яиц, остальные 9 не дают требуемого сочетания. Значит, у вас только 1 шанс из 10 взять пару крутых яиц; в остальных 9-ти случаях из 10-ти вы проигрываете. И если вы ставите 1 рубль, то ваш партнер, имеющий 9 шансов выиграть, должен для уравнения шансов поставить не 5, а 9 рублей.

Решение задачи № 87

При 4-х метаниях число всех возможных положений игральной кости равно $6 \cdot 6 \cdot 6 \cdot 6 = 1296$. Допустим, что первое метание уже состоялось, причем выпало единичное очко. Тогда при трех следующих метаниях число всех возможных положений, благоприятных для Петра (т. е. выпадений любых очков, кроме единичного) $= 5 \cdot 5 \cdot 5 = 125$. Точно так же возможно по 125 благоприятных для Петра расположений, если единичное очко выпадет только при втором, только при третьем или только при четвертом метании. Итак, существует $125 + 125 + 125 + 125 = 500$ различных возможностей для того, чтобы единичное очко при 4-х метаниях появилось один и только один раз. Неблагоприятных же возможностей существует $1296 - 500 = 796$ (так как неблагоприятны все остальные случаи).

Мы видим, что у Владимира шансов выиграть больше (796 против 500), чем у Петра.

Решение задачи № 88

Нетрудно сообразить, что все семь друзей могли встречаться только через такое число дней, которое делится и на 2, и на 3, и на 4, и на 5, и на 6, и на 7. Наименьшее из таких чисел есть 420.

Следовательно, друзья сходились все вместе только один раз в 420 дней (14 месяцев).

Решение задачи № 89

Каждый из восьми присутствующих (хозяин и 7 друзей) чокается с 7-ю остальными; всего, значит, сочетаний по два насчитывается $8 \cdot 7 = 56$. Но при этом каждая пара считалась дважды (например, 3-й гость с 5-м и 5-й с 3-м считались за разные пары). Следовательно, стаканы звучали

$$\frac{56}{2} = 28 \text{ раз.}$$

Решение задачи № 90

Если площадь воловьей шкуры 4 кв. метра или 4 000 000 кв. миллиметров, а ширина ремня 1 миллиметр, то общая длина вырезанного ремня (вероятно, Дидона вырезала его из шкуры спирально) — 4 000 000 миллиметров, т. е. 4000 метров, или 4 километра. Таким ремнем можно окружить квадратный участок площадью в 1 кв. километр (около 90 десятин).

ГЛАВА ДЕСЯТАЯ

ОБМАНЫ ЗРЕНИЯ

Задача № 91

Две дуги

На этом рисунке изображены две дуги, которые сопровождаются короткими штрихами. Какая дуга сильнее изогнута: верхняя или нижняя?

Рис. 159. Что кривее?

Задача № 92

Три полоски

Какая из трех бумажных полосок, изображенных на чертеже 160-м, самая длинная?

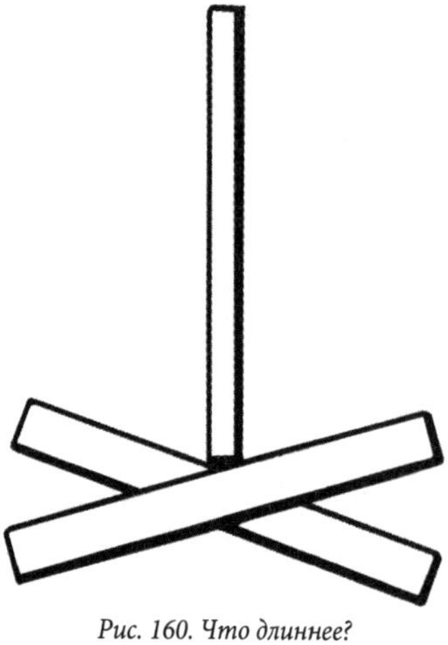

Рис. 160. Что длиннее?

Задача № 93

Два корабля

Перед вами (черт. 161) два корабля: пароход и парусник. У которого из них палуба длиннее?

Рис. 161. Равны ли палубы?

Задача № 94

Где середина?

Школьника спросили, где середина высоты начерченного здесь треугольника. Школьник показал место, обозначенное на фигуре черточкой. По его мнению, эта точка и есть середина. Поправьте его на глаз и затем проверьте его и себя бумажкой.

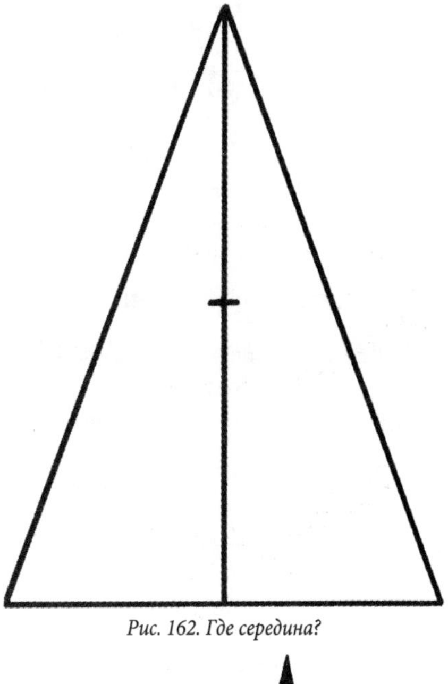

Рис. 162. Где середина?

Задача № 95

Два прямоугольника

Школьник начертил два прямоугольника, пересеченные прямой линией, и утверждал, что эти прямоугольники равны. Почему он думал, что они равны?

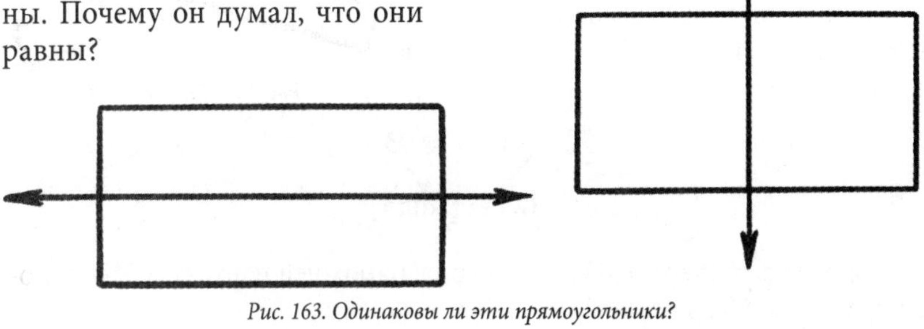

Рис. 163. Одинаковы ли эти прямоугольники?

Задача № 96

Шляпа иностранца

Я показывал своим знакомым картинку, представленную здесь на черт. 164-м, и они утверждали, что прямоугольник, описанный около шляпы этого иностранца, имеет форму квадрата. В чем их ошибка?

Рис. 164. Квадрат ли?

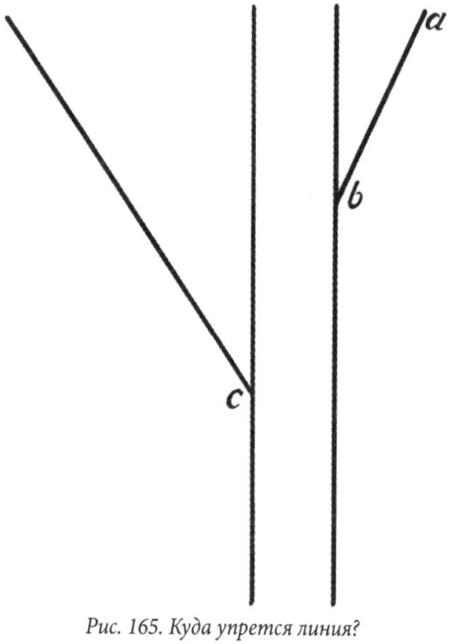

Рис. 165. Куда упрется линия?

Задача № 97

Продолжить линию

Если продолжить прямую линию *ab* черт. 165-го, то куда она упрется: выше точки *c* или ниже?

Задача № 98

Что длиннее?

Какая из линий *ab*, *cd* или *ef* на черт. 166-м самая длинная?

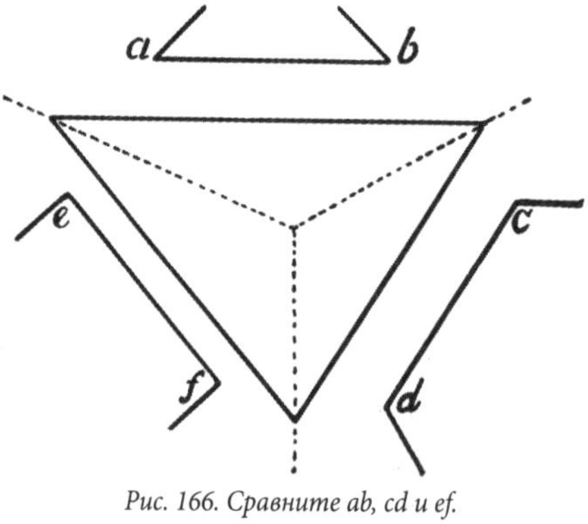

Рис. 166. Сравните ab, cd и ef.

Задача № 99

Поместится ли?

Поместится ли в промежутке между *AB* и *CD* (черт. 167) изображенный здесь кружок?

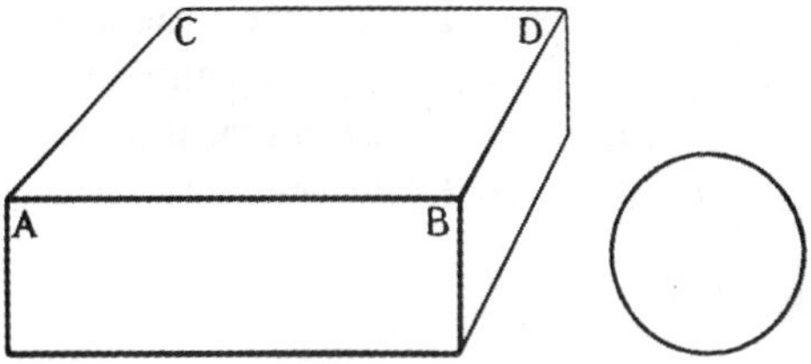

Рис. 167. Поместится ли кружок между AB и CD?

Задача № 100

Два кружка

На черт. 168-м вы видите два заштрихованных кружка, которые кажутся одинаковых размеров. Но после того как вы изощрили свой глазомер предыдущими упражнениями, вы, конечно, не попадете впросак. Вам нетрудно поэтому будет ответить на вопрос: какой кружок больше?

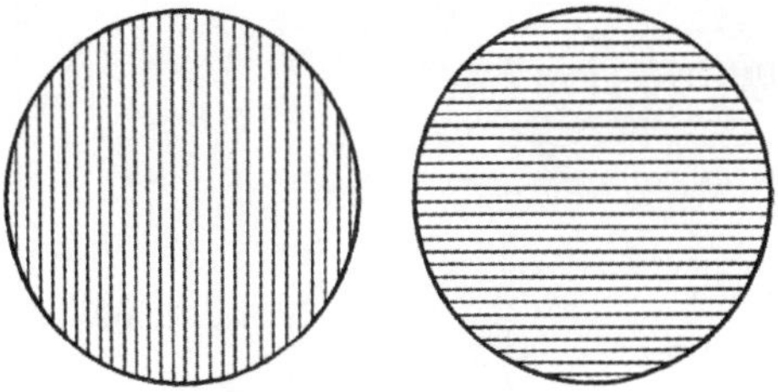

Рис. 168. Какой кружок больше?

ОТВЕТЫ НА ЗАДАЧИ №№ 91—100

№ 91. Обе дуги одинаковы.

№ 92. Все полоски одинаковой длины.

№ 93. Палубы у обоих кораблей изображены одинаковой длины.

№ 94. Середина указана правильно.

№ 95. Потому что они действительно равны.

№ 96. Ошибки нет: фигура вокруг шляпы квадрат.

№ 97. Прямая упрется в точку *c*.

№ 98. Все три линии одинаковой длины.

№ 99. Кружок не помещается.

№ 100 (задача-ловушка). Кружки равны.

ОГЛАВЛЕНИЕ

Для юных математиков
Вторая сотня головоломок

Яков Исидорович Перельман

Веселые задачи

Художник Ю. Д. Скалдин

Редактор-составитель
В. Шабловский

Компьютерная верстка,
обработка иллюстраций
В. Шабловский

Дизайн обложки,
подготовка к печати
А. Яскевич

Подписано в печать 15.06.2016
Объем 5,5 печ. л.
Тираж 4000 экз.
Заказ № 4014

ООО «СЗКЭО»
Телефон в Санкт-Петербурге: +7 (812) 365-40-44
E-mail: knigi@szko.ru

Первая Академическая типография «Наука»
Санкт-Петербург, ВО, 9 линия, д. 12

СЗКЭО
Санкт-Петербург